BIOLOGICAL MYSTERY SERIES
生物ミステリー

蜂《ハチ》の奇《き》妙《みょう》な生《いき》物《もの》学《がく》

THE WONDER WORLD OF WASPS AND BEES

光畑雅宏［著］
COCO［絵］

技術評論社

可憐！黄色と黒だけではない美しいハチの世界

瑠璃色の紋様が美しいルリモンハナバチ。ハナバチだが、巣を作ったり花粉を集めたりすることはない。英語ではBlue Bee ではなく Neon cuckoo bee

少なくなってしまった茅葺屋根などがあると多く見られる、ホソセイボウ。セイボウは漢字で「青蜂」

セイボウらしい胸部のメタリックグリーンと、腹部の赤色の組み合わせが美しいハラアカマルセイボウ

赤というよりは鮮やかな朱色の腹部が目立つ、その名もハラアカヤドリハキリバチ

奄美大島以南の南の島に分布するミナミアオスジハナバチ。近縁のアオスジハナバチは本州にも分布

オレンジ色が美しいトラマルハナバチ。山間地にはレモン色が美しい近縁のウスリーマルハナバチがいる

眠る時は集団で寝る変わった習性を持つ胸部のオレンジと腹部の青い線が美しいアオスジフトハナバチ

これでもハチ？変わった姿のハチたち

南米に生息する美しいシタバチの一種。とにかく舌が長い。ミツバチに近い仲間

飛んでいる姿は黒いヒモのようにしか見えないオオコンボウヤセバチ

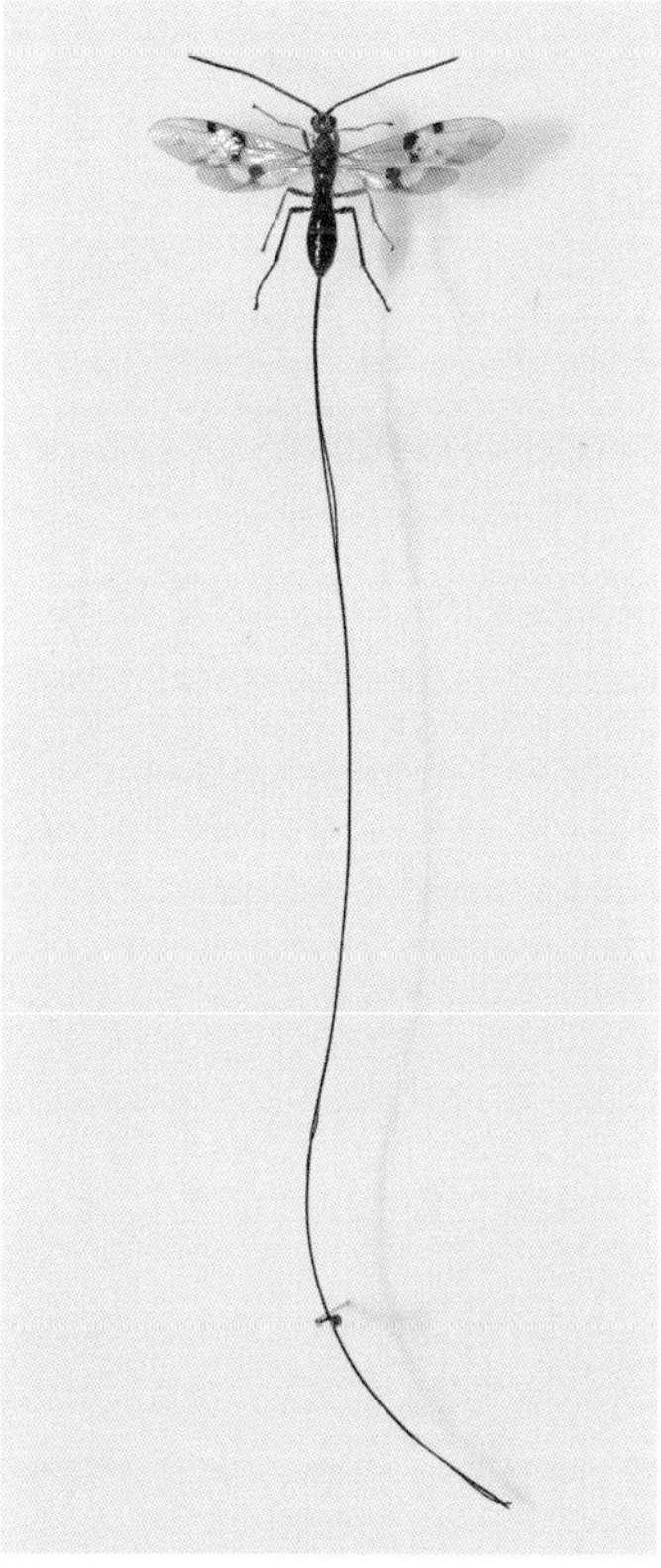

とにかく長い尾＝産卵管を持つウマノオバチ。飛翔時に揺れる尾はとても優雅

ハチのイメージそのまま。尖ったお尻のオオトガリハナバチ

大きな複眼でハエやアブのように見えるオオハヤバチ

メスは翅がなく、地表を歩いている姿は、どこからどう見てもアリにしか見えないトゲムネアリバチ

いろいろなハチの巣(カリバチ)

土で見事に練り上げられたトックリバチの巣。巣の中には幼虫の餌となるガの幼虫などが詰め込まれている

イメージしやすいハチの巣。六角形を並べたムモンホソアシナガバチの巣

土の中に掘られた空洞状の巣に幼虫の餌となるガの幼虫を運び込むサトジガバチ

細い筒の中に藁状のものを詰め込んで巣を作るコクロアナバチ。幼虫の餌となるバッタの仲間を運び込むところ

幼虫の餌となる小型のハナバチを大事そうに運ぶナミツチスガリ。土の中に巣を作る

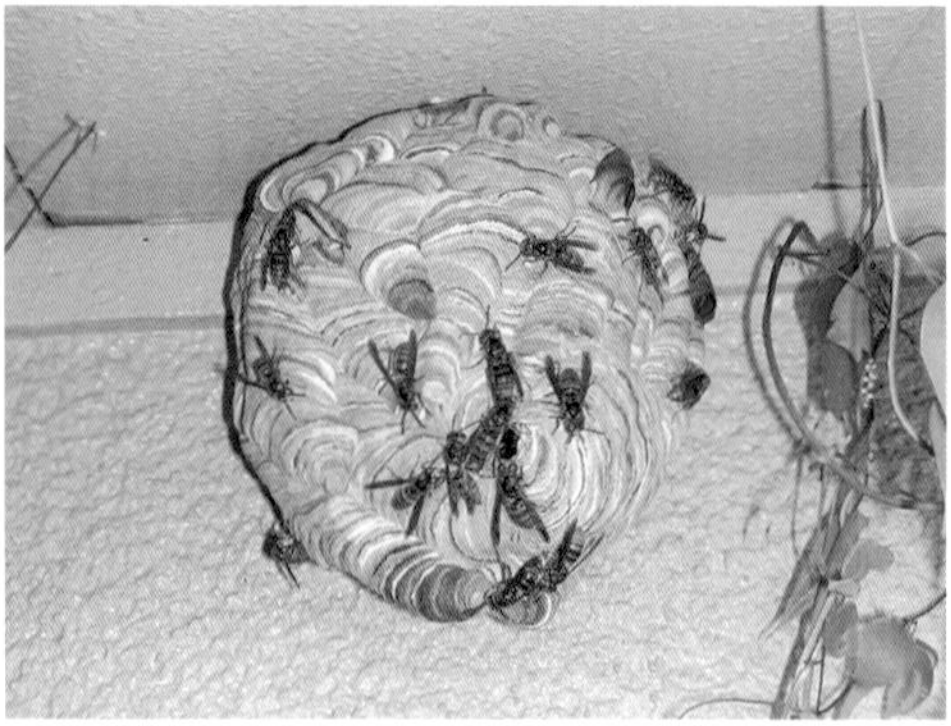

キイロスズメバチの巣。覆い（外包）には空洞がいくつもあり、空気の層となって断熱効果が高い　© 小野正人

いろいろなハチの巣(ハナバチ)

花粉とロウで作られたマルハナバチの巣。カナリア諸島に生息する *Bombus canariensis*

土の中に迷路状に掘られた巣に花粉を運ぶコガタウツギヒメハナバチ

美しく正確に作られたニホンミツバチの六角形の巣。巣の中に光っているのは蜜　© 佐々木正己

木材に掘られた巣穴から顔を出す（キムネ）クマバチ。顔が白い方はオス。もう１匹は姉妹か母バチ

筒の中に作られたマメコバチに近縁のツツハナバチの巣の断面。１匹１匹の幼虫のために用意された部屋はドロの壁で間仕切りされている

バラハキリバチの巣作りの一部始終

大アゴで葉を切りながら、自分の体を回転させて円形に葉を切り出す

自分の体よりも大きな葉を、やはり大アゴでくわえて筒の中に持ち帰る

腹部の毛に花粉を集めて巣に持ち帰る

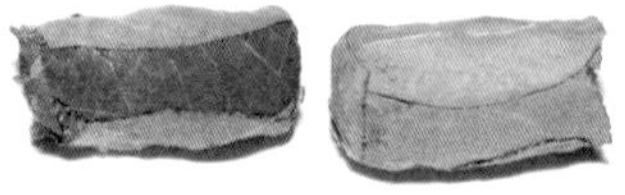

肉巻きおにぎりのように葉を組み合わせてできた部屋

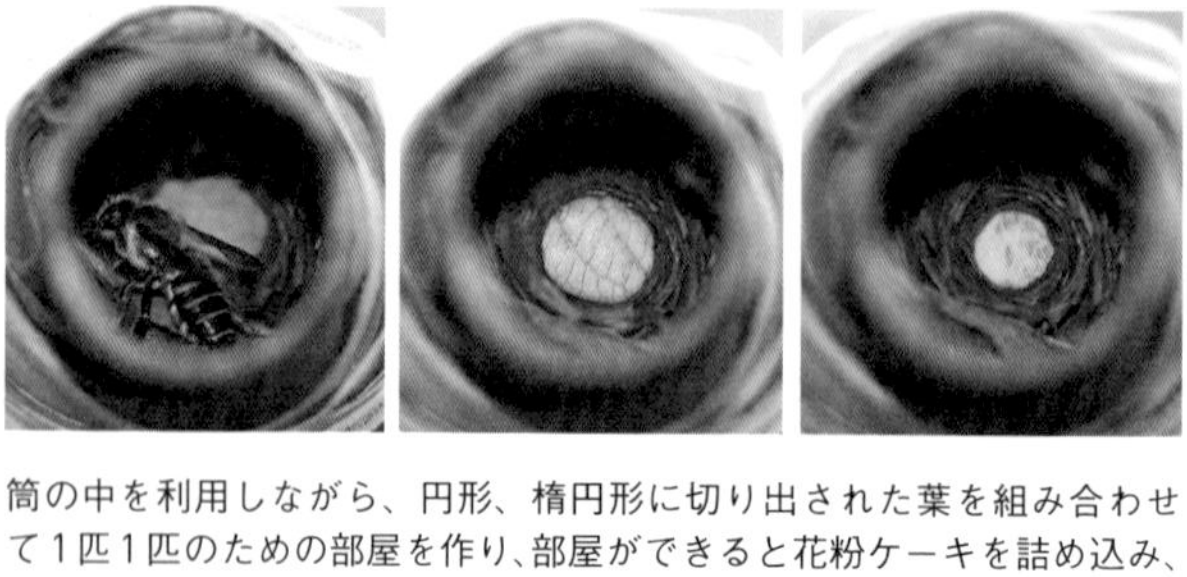

筒の中を利用しながら、円形、楕円形に切り出された葉を組み合わせて1匹1匹のための部屋を作り、部屋ができると花粉ケーキを詰め込み、産卵、葉で蓋をするという作業を繰り返す

葉を切り出す場所は、一度気に入ると同じ場所を虫食いのように切り出していくこともある

いろいろな仕草から垣間見えるハチたちの生活

縄張りをホバリングをしながらメスを待つ、天然記念物のオガサワラクマバチのオス。小笠原の固有種　© 尾園暁

毒針で麻酔したクモを巣に運ぶ、オオシロフクモバチ。獲物が大きいため後ろ向きに引っ張るようにして運ぶ

集めた花蜜を口から出し入れしながら水分を飛ばして蜜を濃縮するカタコハナバチの一種

樹液をなめにきたコガタスズメバチ（上）とオオスズメバチ（下）

大きなアゴで植物の茎などをくわえて休むスジボソフトハナバチ。夜もこの格好で眠る

木材の中に潜むカミキリムシの幼虫をめがけて、木材に産卵管を刺し込むコンボウケンオナガヒメバチ

ハナバチによる作物の受粉

ミツバチはウメ、ナシなどの果樹の受粉に利用されることも多い

イチゴはほとんどがビニールハウスなどの施設で栽培され、ミツバチによる受粉が行われている

花粉を集める能力が高いマルハナバチは、パッションフルーツやホウズキなど変わった作物の受粉にも活躍

ハウスで栽培されているトマトやミニトマトのほとんどがマルハナバチによって受粉されている

東北、甲信地方では、リンゴの開花と近い時期に咲くサクランボや洋ナシなどでもマメコバチが活躍する

青森県をはじめとする東北地域や長野県などリンゴ栽培が盛んな地域で受粉に活躍するマメコバチ

マルハナバチの女王バチを巧みに利用するクマガイソウ

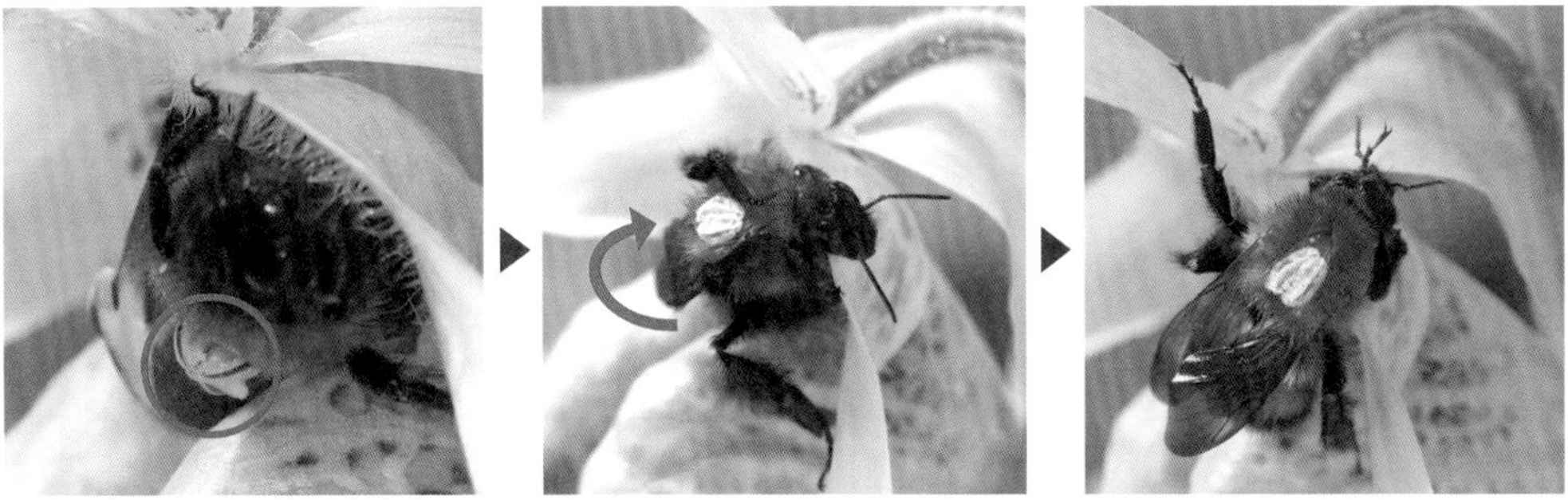

クマガイソウの花から脱出しようとするトラマルハナバチの女王バチ。花から出てくる時には背中にしっかりと花粉の塊がついている。背中に違和感があるのか、前肢や中脚を使って花粉塊を取ろうとするが取れない

あきらめてクマガイソウから飛び立とうとするトラマルハナバチの女王バチ

クマガイソウの見事な群落

大きな袋状の花弁には、大きな穴が開いていてマルハナバチの女王バチを誘う。脱出は、上の開口部からのみ可能

ハチのマネ(擬態)をする昆虫たち

カミキリムシの中には、ハチに擬態した種も多い。ヨツスジトラカミキリ

甲虫なのに毛がたくさん生えていてハナバチのように見えるトラハナムグリ

ハチに擬態するものが多いハナアブ。アシナガバチにそっくりな色合いのシロスジナガハナブ

こちらはスズバチなどのカリバチに擬態しているその名もハチモドキハナアブ

スカシバガ科のガの仲間もハチに擬態するものが多い。飛んでいる姿はアシナガバチのようなカシコスカシバ

ドロバチなどのカリバチに擬態するコスカシバ。ドロバチのメスが交尾を拒否するときの仕草までマネしている

外国からやってきたハチたち

対馬から侵入し、九州で目撃例が増えているツマアカスズメバチ。国立環境研究所を中心としたチームで分布の拡大を食い止める取り組みがなされている　© 坂本洋典（国立環境研究所）

農作物の受粉のために利用されているセイヨウオオマルハナバチ。北海道では全道に広く定着している

知らず知らずの内に国内の広い範囲に定着している外来種アメリカジガバチ

愛知県ではじめて報告され、東海、近畿地方を中心に定着地域が拡大しているタイワンタケクマバチ

あまり知られていないがセイヨウミツバチも外来種。小笠原諸島など一部地域では生態系に悪影響を及ぼすことも指摘されている

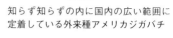

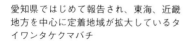

はじめに

　ハチという昆虫に対して好感を持っている人は、この日本には多くないと思います。いや、そもそも昆虫そのものが好きではない人も、この世の中には数多くいらっしゃることでしょう。その昆虫の中でも、ハチに対してはゴキブリや毛虫（ガの幼虫）と同様に、人に害を成す昆虫、俗に言う「衛生害虫」の1つとして位置づけられた印象を持つ人の方が、圧倒的に多いかもしれません。実際にインターネットなどでも、「ハチ」に関するワードを検索すると、「危険」「刺された時の対処方法」「駆除」など、人々に警鐘を鳴らすための関連サイトが上位に並びます。

　もちろん、ハチの中には毒針を有し、遭遇のし方によっては人に危害を加えてしまうような場面がないわけではありません。ですから、ハチの種類によっては、むやみに近づかないように接触を控えた方がよいものもいます。しかし、部屋の中に飛び込んできたり、洗濯物や衣服につかまっていたり、日常生活で偶然出会ってしまった目の前にいるハチが、近づかない方がよいのか、そばにいたり、あるいは捕まえたりしても問題がないものなのかがわかるだけでも、日々の暮らしに役立つこともあるでしょう。

　そもそも、ハチだと思っていた昆虫が実はハチではなかったり、反対に、ハチではないと思っていた昆虫が実はハチだったりするかもしれません。ハチの仲間は、私たちが日々の生活では知り得ないほど、その種数も生活も多種多様です。そして、実はそんなハチたちの存在が、生態系の一員としての重要性はもちろんのこと、私たちの衣食住に欠かせない役割を果たしている…そんな、これまで知り得なかったハチの種類やその生活を、ｃｏｃｏさんが描く、ハチの特徴を捉えつつも、色鮮やかで美しいイラストとともにご紹介したのが本書です。ハチに対する印象が本書を通じて少しでも変わり、ともに地球上に暮らすハチという存在を身近に感じられ、関心を持っていただけるようになれば幸いです。

２０２３年６月

光畑雅宏

CONTENTS

第3章 お世話になってます！ あれもこれもハチのおかげ

第4章 知れば知るほど奥深い！ミツバチの世界

第5章 面白習性！あなたの知らないハチたちの生きざま

第6章 利用し利用され? 植物とハチの不思議な関係

第7章 切っても切れない！ハチに関わる生き物たち

第8章 お騒がせ？外国から来たハチたち

特別寄稿

第1章

知ってる？ハチにまつわる基礎知識

そもそもハチとは何か？

皆さんは、この地球上に何種類の昆虫がいるか、ご存知でしょうか？　その種数は、わかっているだけで約１００万種。未発見のものも多く、１５０万種とする研究者もいます。この数は、地球上の生物種のなんと半分以上にもなります。砂漠に住むアリ、ヒマラヤの海抜６０００ｍに住むカワゲラ、灼熱の温泉に住むユスリカ、海の上で暮らすアメンボ、海に潜るアザラシに寄生するシラミ…。我々人間のように、生活する場所の環境を変えるのではなく、その環境に順応し、自身をその環境に適した形、生態へと変化させた昆虫は、地球上のあらゆる地域、場所に生活しています。「地球は昆虫の惑星」と例えられるように、地球上でもっとも繁栄している動物は昆虫です。地球上にその姿を現したのも、我々人類の４００万年前よりもはるか昔、4億年前にさかのぼります。その4億年という時の中で、昆虫は多種多様な姿、形あるいはその生態が培われ、地球上の半分以上にも及ぶ種に分化してきました。そんな膨大な種数を誇る生物群の中で、ハチは大きなグループを形成しています。昆虫にはおよそ30に分けられた「目」があり、その中でも特に大きなグループが5つあります。カブトムシやコガネムシなどの鞘翅《しょうし》目（コウチュウ目）、チョウやガなどの鱗翅《りんし》目（チョウ目）、ハエやカなどの双翅《そうし》目（ハエ目）、セミやカメムシの半翅《はんし》目（カメムシ目）、そして膜翅《まくし》目（ハチ目）です。

　ハチ目に含まれる種数は、アリを含めて約15万種。4番目に大きなグループとされています。アリは、分類学上ハチ目に含まれる、ハチに近い昆虫です。ハチの進化の過程で枝分かれした、言わば翅のないハチの仲間です。その証拠に、働きアリにははじめから翅はありませんが、女王アリやオスアリは翅を持って羽化してきます。女王アリやオスアリは、交尾のために翅を使って移動します。「結婚飛行」と呼ばれる交尾行動を経た女王アリは翅を落とし、地面や植物の中などで巣作りを始めます。

　アリと言えば地中に巣を作るイメージが強いと思いますが、アリほど複雑な迷路のような巣ではなくても、地中に巣を作るのはおそらく、ハチからの習性を引き継いできたものと考えられます。アリはカリバチと呼ばれる、他の昆虫の体液や体の組織を餌として幼虫に与えるグループから進化したものと考えられています。カリバチには、バッタやクモなど餌を地中に作った空洞に隠して、卵を産み、幼虫が育つものも多くいます。つまり、地中に巣を作るのはアリの専売特許ではなく、ハチの時代に培った習性であり、またアリがハチから分化した証拠とも言えるかもしれません。

　話は変わりますが、ハチとよくまちがえられる昆虫にアブがいます。アブは、ハチとはまったく異なる分類の昆虫です。アブの中には「擬態《ぎたい》」という、体つきや体の色をハチの容姿をまねて身を守るものもいます。ハチは、「毒針」を持つという印象から、我々人間だけでなく鳥などの天敵となる生物からも、注意が必要な危険な存在として象徴づけられています。アブはハチに擬態することで、自身は針も毒もなくても天敵などに襲われにくくしているものと考えられています。花の上でよく見かけるハナアブの仲間は、多くの人がハチをイメージする黄色と黒の縞々の色合いのものが多く、人々にハチとよく誤解されている光景を目にします。ハナアブにとっては思惑通りといったところでしょう。しかしアブは、ハエやカの仲間、つまり先にご説明した5大目の1つ、双翅目（ハエ目）に分類される昆虫です。読んで字のごとく双翅＝2枚の翅の昆虫です。ハチ目の昆虫の翅は左右合わせて4枚です。これがもっとも有効なハチとアブの見分け方になります。飛行している状態ではわかりにくいかもしれませんが、花の上などに止まっている姿を注意深く見てみると判別することができると思います。また、アブの顔をよく観察してみると、その顔の大部分を大きな目＝複眼が占めています。ハチは一部の種やオスのハチを除いて、そこまで顔のほとんどを占めるほどの複眼を持つものはいません。また、ハチには複眼の下にある口の部分に、キバのような一対の大アゴがあります。アリも含めたハチ目の昆虫の特徴の1つに、この大アゴの存在があります。一方、顔のほとんどが複眼のアブには、口のあたりにアゴのようなものは見当たりません。これも、見分けるポイントとして利用できます。ハチ目の発達した大アゴは、彼らの多様な生活様式を示す大きな特徴の1つです。昆虫を食べたり、捕えたりする他、メスを運ぶために利用する、巣の材料を削りとって運ぶ、巣を作るために土の中や木の中を掘り進む、壺や六角形の形を作る、敵に噛みつくなど、その使い道は千差万別です。ハチやアブを近くでじっくりと観察する機会があれば、その口元にも着目してみてください（**写真1、2**）。

他の昆虫にはない、ハチやアリならではの生態として、「単数2倍体の性決定様式」が挙げられます。昆虫には、メスとオス、2つの性が存在し、メスが作り出す生殖に関わる細胞＝配偶子である卵と、オスが作り出す配偶子である精子を、交尾と呼ばれる行動でメスの体内で融合させる「受精」によって生殖を行います。いわゆる「有性生殖」の1つの繁殖方式です。

ハチやアリも、ほとんどの種が、メス個体とオス個体が交尾をして、受精卵を産むことで繁殖が行われます。しかしハチやアリの場合、2つの細胞が融合した受精卵（2倍体）から産まれてくるのは必ずメスです。オスは産まれてきません。一方、一般的にはふ化しないはずの、配偶子細胞が融合していない未受精卵（1倍もしくは単あるいは半数体）からは、必ずオスが産まれてきます。ハチやアリの仲間のこうした性決定様式は、オスが持っている遺伝子の確率がメスの半分しかないことを意味しています。そのため遺伝的な血のつながりを考えると、オスを多く産むよりもメスを多く産んだ方がよいことになり、ハチやアリが「メス社会」であるということ、そして、社会性の生活様式を営むアリの働きアリや、社会性のハチの働きバチがすべてメスであるということにつながっていきます。

　ちなみに、ハチやアリと同じように高度な社会性を持つシロアリは、メスだけでなくオスも2倍体で、オスの働きアリも存在します。シロアリは、「アリ」という名がついているもののハチやアリと同じハチ目ではなく、ゴキブリ目に分類される昆虫なのです。

写真1：ホソヒラタアブの仲間（翅は2枚、顔のほとんどが複眼で占められる）

写真2：ダイミョウキマダラハナバチ（翅のつけ根が上翅と下翅の2つ、口元にはアゴも見える）

どのようなハチがいるのか？ハチの分類と進化

　これから本書では多種多様なハチをご紹介してゆきますが、私たち日本人はハチを「ハチ」というひと言でまとめて表現します。しかし、英語では日常的に「ハチ」を示す言葉が少なくとも2つあります。その1つは、皆さんもよくご存知の「Ｂｅｅ（ビー）」です。日本の英語の授業では、「ハチ」を意味する英単語をＢｅｅと教えて終わりです。実は、英語にはもう1つ「ハチ」を示す言葉があります。「Ｗａｓｐ（ワスプ）」がその単語です。では、この2つの「ハチ」を表す単語は何がちがうのでしょう？Ｂｅｅは正確に訳すと「ハナバチ（花蜂）」になります。ハナバチは言葉の通り、花から得られる蜜や花粉を生活の糧にするハチの総称です。時々、Ｂｅｅをミツバチと訳されていることもありますが、これも誤りです。ミツバチは、正しくは「Ｈｏｎｅｙｂｅｅ」です。ミツバチはハナバチの中の一種であり、マルハナバチ、クマバチ、コハナバチなど約2万２０００もの種が知られているＢｅｅ（ハナバチ）のすべてに置き換わる単語ではありません。

　一方のＷａｓｐは、ヒーローものの映画を製作するマーベル・スタジオの作品が好きな方なら聞き覚えがあるかもしれません。そう、「アントマン&ワスプ」のＷａｓｐです。つまり英語圏では、映画のタイトルにも使われるほど、Ｗａｓｐという単語が一般に知られているということです。このＷａｓｐは、Ｂｅｅ（ハナバチ）と対を成す言葉「カリバチ」を表す言葉として使われます。カリバチは、漢字で書くと「狩り蜂」です。他の昆虫を狩り、その獲物の体を幼虫の餌とする、肉食のハチのことを言います。ですから、肉食の代表であるアシナガバチやスズメバチは、Ｂｅｅではなく、Ｗａｓｐの方に含まれることになります。また、同じく幼虫が他の昆虫の体の一部や体液を餌にする「寄生バチ」や、食植性である「キバチ」もＷａｓｐと表記されます。つまりＷａｓｐは、ハナバチとＳａｗｆｌｙという別の言葉を与えられたハバチ以外の、ほとんどのハチを表す言葉になります。本来は、ハチを1つの英語表記でまとめるのであれば、Ｗａｓｐの方が適当なのかもしれません。

さて、ここまで英語表現を例に、ハチを2つに大別してきました。一方、別の視点からハチ目を2つに分けることもできます。それは、腰の太さです。それが、太い腰を持つ「広腰亜目」と、細い腰を持つ「細腰亜目」です。皆さんがハチとして思い浮かべるミツバチ、アシナガバチ、スズメバチは、細腰亜目になります。細腰亜目のハチは、翅や脚のある胸部と腹部をつなぐ部分が非常に細い構造をしています。この細腰亜目には、カリバチとハナバチ、そして寄生バチの仲間が含まれます。一見細くないように思われるクマバチも、細腰亜目です。クマバチのふさふさした毛を剃ってしまうと、あとにはキレキレのくびれた細い腰が残されるのです。

一方の広腰亜目では、胸部と腹部はくびれることなく、ほぼそのままの太さでつながっています。広腰亜目には、「ハバチ」と「キバチ」の仲間が分類されます。漢字で書くとハバチは「葉蜂」、キバチは「木蜂」です。その名の通り、ハバチの幼虫は葉を食べ、キバチの幼虫は木材を食べて育つ、植物食のハチです。ハバチ、キバチの多くは、植物組織の茎や幹に産卵管を刺して、卵を産みつけます。こうした生態を持つハバチ、キバチは、ハチの中でも原始的なグループとされています。そのうち、植物組織の中にいる他の昆虫を幼虫の餌にするハチが現れました。植物の葉や幹などの組織を食べるよりも、昆虫を食べる方が、体を成長させるためのタンパク源を効率よく摂取することができるからです。こうした種は、植物の組織の中にいる昆虫に直接産卵管を刺して産卵を行うようになります。これが、寄生バチの仲間が誕生するきっかけだったのではないかと考えられています。しかし、植物とちがって昆虫は動きます。昆虫に産卵する際、産卵管のある腹部が少しでも自由に稼働して、動く標的に産卵管を刺し込めた方が有利でしょう。そこで、腰の部分が細く変化していったのではないかと推測されています。また、産卵対象の昆虫が植物組織の内側から外側へと広がっていくようになると、産卵管は相手の動きを封じる麻酔用の注射針の役目を果たす器官へと変化していきました。これが、ハチの毒針の始まりだったと考えられています。そのため、細腰亜目の中では、毒針のない寄生バチと毒針を有するハチとで分類することもあります。毒針を有するものを、まとめて「有剣類」と呼びます。

一言で「ハチ」と言っても、その進化の過程で食べるものや生活様式の変化によって、体の形や生態が異なり、「ハチ」と一括りにできないことをおわかりいただけたかと思います。簡単にその分類を、32～33ページの2ページに渡って系統樹にしてあります。しかし、これもかなり抜粋してご紹介しているので、15万種のハチの概要を説明できるわけではありません。また近年では、昆虫の世界もＤＮＡやＲＮＡなど遺伝子による解析が進み、形態上は同じ種と考えられていたものが別種になったり、またその逆もあったりして、ハチの分類は目まぐるしく変化しています。また、遺伝子を解析する必要のない、従来通りの形態や生態の研究による新種の発見も、世界中から相次いで報告されています。これは、未開拓、未踏の熱帯雨林などに限った話ではなく、日本国内でも同様です。２０２２年の年末にも、都市部の公園などでも見かけるヒゲナガハナバチの仲間に、新しい種が報告（記載）されました。肉眼でも確認できないような非常に微小なものであればあり得ることと思いますが、花に訪れる姿をはっきりと認識できるような大きさで、かつ研究者だけでなく、自然愛好家にも名前がよく知られたヒゲナガハナバチ属内でのハチの新種発見には驚かされます。このことは、ハチが非常に多様性に富んだ昆虫であることを象徴していると言えるでしょう。

2022年に新種として報告されたオウカンヒゲナガハナバチ（*Eucera yoshihiroi*）。左側がメスで、右側がオス。他のヒゲナガハナバチ属の種と同様にオスの触覚が長い。その発生時期や形態はミツクリヒゲナガハナバチに似るが、本種の方が少し小型で、メスの顔には名前の由来となったオウカンのような黄色の模様があるのが特徴。キク科の花を好む傾向がある。長い年月、草地として維持されているような場所での生息が確認されており、そのせいもあってか、国内では京都、福岡、長崎、熊本、宮崎、種子島などの限られた地域での記録にとどまっている。オウカンヒゲナガハナバチが好むような草地などで開発が進むと、新種として記録されてからすぐに、絶滅の危険のある種として保護されなければならないかもしれない。実は、発見、新種記載後すぐに保護しなければならない昆虫は少なくない（写真、情報提供：幾留秀一博士、大對桂一氏）

ミツバチ
ハキリバチ
ヒメナハナバチ
コハナバチ

ギングチバチ
ジガバチ
セナガアナバチ
アリ
ツチバチ
アリバチ
クモバチ
コツチバチ
スズメバチ
セイボウ
アリガタバチ

カギバラバチ
ヤセバチ
タマバチ
コバチ
クロバチ
コマユバチ
ヒメバチ

ヤドリキバチ

キバチ
ハバチ
ヒラタハバチ

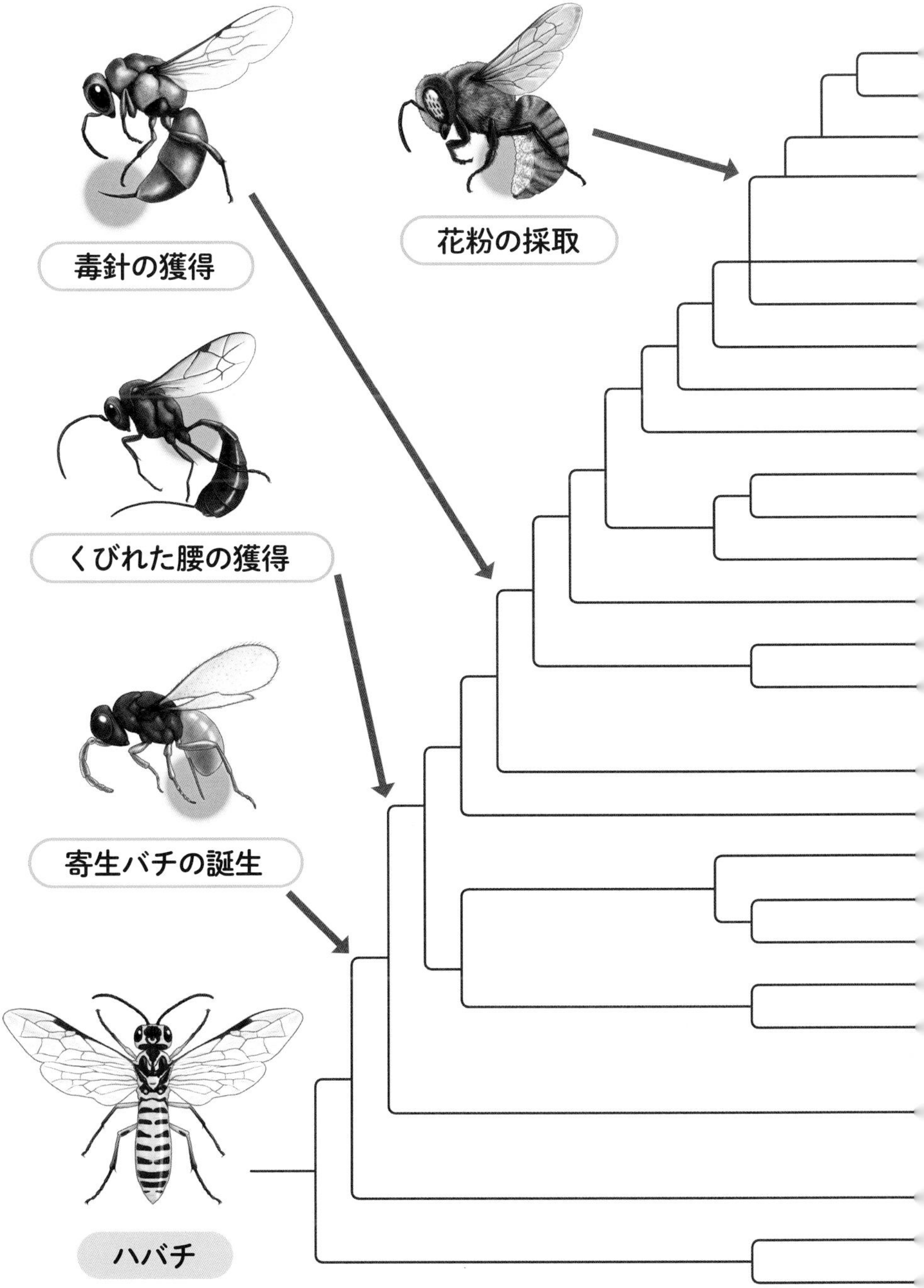

Peters et al. (2017) をもとに作成

ハチは本当に危険な生物なのか？

有剣類の中には、その針を産卵する相手を麻痺させる毒針として使うのではなく、自身あるいは仲間を守るための武器として特化させるようになるものが現れました。ハチの仲間と言えば、集団で生活しながら大きな巣を作り、その中で多くの幼虫を協力して育てる「社会性」を持つミツバチ、アシナガバチ、スズメバチの印象が強いと思います。

このように集団を形成し、巣の中には自身の身を守るすべを持たない幼虫が数多く存在すると、それを餌として狙う、大型の哺乳類などの天敵が現れます。そのような天敵から巣や幼虫を守るには、対昆虫用の麻酔成分ではなく、毒として相手にダメージを与える成分を打ち込む方が効果的です。我々が「刺すハチ」としてイメージするミツバチ、アシナガバチ、スズメバチといったハチは、巣や巣の中で育つ幼虫を守ることを目的に攻撃を行います。つまり、自身の身を守るというよりは、仲間を守るための防衛手段であるということです。

そのため、野原の花で蜜や花粉を集めるミツバチが突然人を襲うようなことはありません。林で幼虫のために昆虫を捕まえているアシナガバチや、森で樹液をなめているスズメバチが突然襲ってくることもありません。それらのハチを素手で捕まえ握ってしまえば刺されるでしょうが、そっと顔を近づけて観察したところで、彼らはそんなことは気にせず、幼虫や仲間のための採餌行動を続けるでしょう。

スズメバチなどによる刺傷事故で多いのは、巣の存在に気づかずに近づいてしまったケースです。特にアシナガバチやスズメバチの巣が大きくなり、育てている幼虫の数も多くなる早秋などは、ハチの警戒心も高まります。スズメバチは、一度は大きな羽音を立てて飛来して、これ以上の接近に対する警告を行います。それに気づかず巣のそばまで近づいてしまったことが、事故につながっているのではないかと考えられます。

よく、「黒い服装をしていると襲われる」という話を耳にします。攻撃態勢に入ったハチは、確かに黒いものを標的として狙ってきます。その理由は、クマとも、頭部（髪の毛の色）や眼球などの急所を狙うためとも言われています。しかし、黒い服を身にまとっているからといって、突然襲われるということはありません。また、ミツバチやマルハナバチなどのハナバチは青や黄色を好むので、そういう色の帽子や服を身につけていると好奇心で近づいてくることがあります。ただし、これも攻撃をしにきているわけではありません。

ここまで、有毒生物としてのハチに関して書き進めてきました。しかし、今更と思われるかもし

写真３：マメコバチ（上がメス、下の２匹はオス）、多くの単独性有剣類は簡単には刺さない

れませんが、ハチ種の中で人に対して攻撃性を持つものはほんの一握りです。ハチの種の4分の3は、人を刺すことはありません。ハチの毒針は産卵管が変化したものですが、ハバチやキバチ、寄生バチのように、今でも卵を産むための器官として産卵管を利用しているハチは刺しません。また、産卵管を針として進化させたカリバチやハナバチも、そのほとんどは単独で生活しているため、巣に近づいても襲ってくることはありません。こちらが手で握れば刺針行動を行い、種類によってはその針が皮膚を貫通しますが、哺乳類に対して有効な攻撃ができるように進化してきたミツバチやスズメバチなどに比べ、我々人間に対する毒性は低く微量なものです（**写真3**）。

なお、勘の鋭い読者の方はお気づきかもしれませんが、刺すのはメスだけです。針は産卵管が変化したものですから、そもそも産卵能力を持たないオスのハチは、針に変化させるための産卵管を持ち合わせていないのです。ただし、ハチの中にはメスとオスの判別が難しい種もいます。観察のためにハチを手に取ってみたいという場合は、信頼できる図鑑などで種の同定とメス、オスの判別を行うようにしましょう。

ちなみに、東京の目黒区や大田区では、コマルハナバチのオスを愛着を持って「らいぽん」と呼び、子供の遊びに利用する風習があるそうです。らいぽんが刺さないことを知っている子供たちは、このハチを捕まえて糸を結び、犬の散歩よろしく飛ばして遊ぶのだそうです。コマルハナバチのメスである女王バチや働きバチは、全身黒い毛に覆われ、腹部の末端がオレンジ色をしたハナバチです。一方のオスは、腹部末端のオレンジ色は同じですが、全身は鮮やかなレモン色で、針を持つメスとはまちがえようがありません（**写真4**）。この話をはじめて耳にした際には、「ハチ＝刺す」というイメージが浸透している日本にもこんな風習があることに驚きつつ、嬉しくなったことを思い出します。

なお、日本ではハナバチもカリバチも「ハチ」という1つの単語でまとめてしまい、今もなお危険生

※ Bee がなぜ人の役に立つという理解が進んでいるのかは、第2章以降でご確認ください

物である印象を植えつける傾向があることは否めません。しかし、欧米ではＢｅｅ（ハナバチ）は人の生活の役に立ち※、アシナガバチ、スズメバチなどのＷａｓｐ（カリバチ）の仲間は刺す危険もあるということが、人々の意識に浸透しています。日本でもハチへの理解が進み、「ハチ＝危険生物」という考え方が少しでも改善されることを願うばかりです。

写真４：らいぽん（コマルハナバチのオス）。オスなので針はなく、刺さない

ハチを食生活から比べてみる

これまで、大まかなハチの分類として「ハバチ、キバチ」「寄生バチ」「カリバチ」「ハナバチ」をご紹介してきました。この4つのグループは、すでにご説明した通り、進化の筋道に即した分類となっています。また、その食性に基づいた分類でもあります。同じハチ目《もく》に属しながら、ハチの食性は非常に変化に富み、多岐に渡っています。このことは、ハチの生態をより奇妙で、不思議なものにしている1つの要因であると言えます。第2章からの個々のハチのエピソードを読み進めていただく前に、ここでグループごとの食性のちがいについてまとめておきたいと思います。なお、エピソード内に同じような説明が含まれていることもありますが、これは、本書の構成上、途中のどの部分から読んでいただいても、ある程度の理解が得られやすいようにしてあるためですので、重複する文章や説明についてはご了解ください。

ハバチ、キバチ

ハチの祖先にもっとも近い姿形を残しているとも言われるのが、このハバチ、キバチです。胸部と腹部をつなぐ腰に当たる部分が太い、寸胴な体型をしたハチです。幼虫は、植物の葉や幹の木質の部分を食べて成長します。成虫はあまり餌を摂取せず、水や花蜜などの糖分を取る程度のようです。ただし、ハバチの一部の種には原始的な特徴が残されていて、他の昆虫を捕獲して食べるものもいるようです。

　樹の中で育つキバチの幼虫を目にする機会は、ほとんどありません。一方、ハバチの幼虫は葉を食べるため、その生活場所も葉の上です。ハチ目では珍しく、人の眼に触れる場所で生活しているのです。ハバチの幼虫はチョウ目の幼虫に類似しているため、ハバチの幼虫を見た多くの人は、ガやチョウの幼虫と勘違いするでしょう。ハバチにしてもチョウ目にしても、幼虫の脚は昆虫らしく3対、つまり6本です。しかし、腹脚と呼ばれる葉にしっかりと留まるための腹部の突起が、ハバチの幼虫は5～7対あるのに対して、チョウ目の幼虫は4～5対と少ないため見分けることができます。なおハバチもキバチも、成虫は集団を形成せず、単独で生活をする単独性の種ばかりです。

寄生バチ

　寄生バチは、その名の通り、幼虫が別の生き物に寄生して生活するグループです。最後には寄生している相手（寄主または宿主）を殺してしまうので、寄生という言葉は正確でないかもしれません。幼虫は、寄主の体内あるいは体表で生活し、寄主の体の一部や体液を栄養源として成長します。寄生バチは、約15万種いるハチの中でも、最大の約7万種が報告されています。寄生バチは、どの生物に寄生するかが種ごとに決まっています。例えばカマキリの卵に寄生するもの、ハエの幼虫に寄生するもの、モンシロチョウの蛹に寄生するもの、テントウムシの成虫に寄生するもの、はたまた寄生バチに寄生するもの、はては昆虫ではなく、クモやダニに寄生するものまで、枚挙にいとまはありません。また、寄主となる昆虫種も多様なら、寄生するタイミングも、卵、幼虫、蛹、成虫と、寄主となる昆虫の習性などに合わせて巧妙に選んでいるようです。本書でも、ほんの一部ではありますが、寄生バチの奇妙で、華麗な繁殖戦略を垣間見ていただくことができると思います。寄生バチも、成虫が集団を形成するようなことはなく、1匹1匹が個々に生活する単独性のハチです。

カリバチ

カリバチは、寄生バチと同じく、他の昆虫やクモの体や体液を餌にしながら幼虫が育つハチです。寄生バチから進化して、幼虫の餌を「狩り」によって確保するようになりました。また、寄生バチのように幼虫が寄主に守られる、あるいは寄主まかせの生活をするのではなく、狩りによって得た獲物を土の中や植物に空いた穴などに運び込み、安全な場所に餌と幼虫を隠しながら育てる「巣」を作ります。さらに、相手の動きを弱めて狩りを成功に導くため、また巣の中で大人しく幼虫の餌になってもらうために、産卵管を獲物に麻酔を打ち込むための針へと変化させました。

狩りの対象は、寄生バチと同様、種によって様々です。動きの遅い、チョウ目の幼虫を狩るものもいれば、バッタ、ゴキブリ、小さなアブラムシ、動きの速いハエ、場合によっては自分が捕まってしまうかもしれないクモなど、多種多様です。また、はじめのうちは土の中の空洞や植物茎の筒の中といった単純な構造だった巣も、中に仕切りができたり、土で新たな構造物を作り出したりと、次第に複雑になっていきました。カリバチのほとんどの種は単独性の生活を送るものでしたが、次第に大きな巣を形成し、集団で協力しながら幼虫を育てる、社会性を持つ種が現れました。アシナガバチやスズメバチは、こうした社会性を持つカリバチの一種です。

ハナバチ

ハチ目の昆虫は、幼虫に食べさせる餌を、植物から昆虫へと移行させていきました。その進化の過程で、カリバチからその生態を大きく変化させ、分岐していったグループが2つあります。1つはアリです。アリ科の昆虫は、カリバチから分化したと推測されています。そして、もう1つがハナバチです。ハナバチは、花から餌資源を得ることに特化したハチです。幼虫が育つための栄養であるタンパク源を、昆虫から植物に求めなおしたハチとも言えます。ただし、ハバチやキバチのように葉や木の幹（木質）を餌にするのではなく、花にある非常に高タンパクな「花粉」と、高カロリーな「花蜜」を餌資源としたのです。ハナバチは、豊富なタンパク質を持つ花粉を蜜などと混ぜ合わせて幼虫に与え、成長させます。ただし、1つの花から得られる花粉や花蜜は少ないため、ハナバチの形態や行動は花から餌資源を効率よく集められるように進化していきました。例えば、寄生バチやカリバチなどでは見られなかった、体中を覆う羽毛状の毛や、後脚や腹部などの密集した毛です。これは、花を訪れた際に花粉が体中につきやすくするため、そしてその花粉を集積、運搬しやすくするためのものです。また、蜜を吸うために特殊に変化した口吻もその1つでしょう。中には、花の奥深くにある花の蜜に届くように、非常に長い口吻を持つものも現れました。このことは、ハナバチに花粉を運び受粉してもらう植物側の繁殖戦略とも相まって、ハナバチと花（植物）との間で互いに利用し合う、巧妙かつ複雑なパートナーシップを育むことになりました。花に多種多様な匂いや色、形があるのは、ハナバチなど、花粉や蜜を餌として利用する「送粉者」と呼ばれる存在との間で関係を深めてゆくための進化（＝共進化）の産物とも言えます。なお、ハナバチの成虫もそのほとんどは単独性ですが、中にはカリバチとはまた異なる独自の進化によって社会性を持つハチが生まれてきました。それが、マルハナバチやミツバチです。

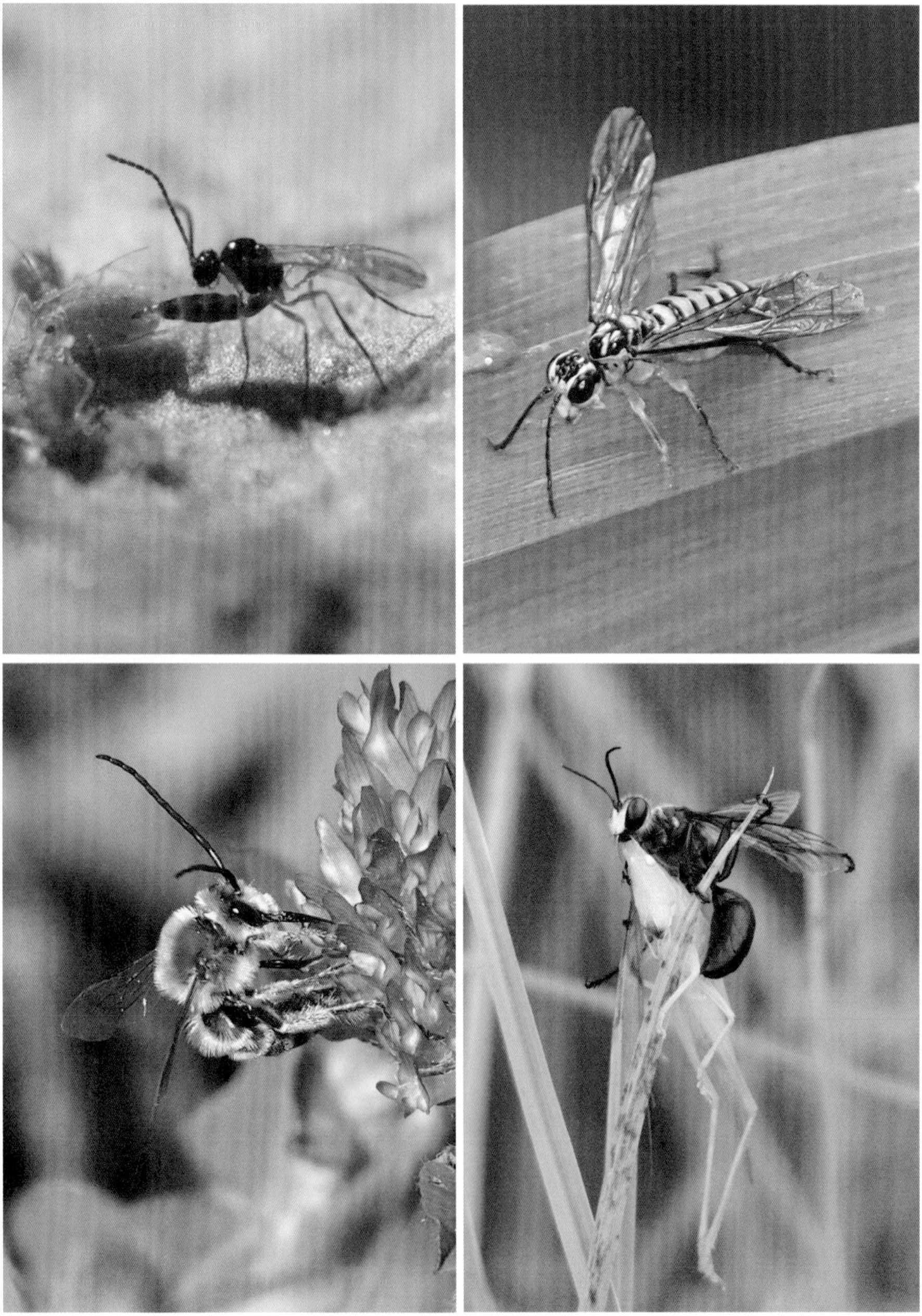

写真 5:4 つのグループに属するハチたち。クロムネアオハバチ（右上）、コレマンアブラバチ（左上）（© アリスタライフサイエンス）、クロアナバチ（右下）、ハイイロヒゲナガハナバチ（左下）

第2章

名建築家！六角形だけがハチの巣じゃない

家は植物のコブの中
タマバチ

寄生バチ

タマバチ科

皆さんは、植物の葉や枝などにできている変なコブが気になったことはありませんか？　本来は存在しないはずの場所にできた、いびつなふくらみ。その形は、果実のように赤く実っているように見えるもの、コンペイトウを思わせる突起が突き出ているもの、白い毛が生えたもの、数珠がつながったようなものなど、様々です。何か、本来の植物の構造ではないような違和感…実はそれ、「虫こぶ」と言います。虫こぶは、ダニや線虫、菌によって作られることもあるそうですが、多くの場合、昆虫が原因で作られるようです。虫こぶの中では、昆虫の幼虫が育っていたり、昆虫が集団で暮らしていたりすることもあります。虫こぶの原因となる昆虫には、アブラムシやハエの他、ハチもいます。それが、タマバチと呼ばれるグループ。もともとは他の昆虫に卵を産みつけ、その昆虫を餌にして育つ寄生バチの仲間です。しかし、タマバチは昆虫に寄生するのではなく、寄生する相手を植物に戻したハチです。タマバチの卵を産みつけられた植物は、幼虫の成長とともにその周辺がこぶのように肥大化していきます。幼虫がこぶの中身を食べることで、中が空洞になり、そこを住処にしながら、最終的にはその中で蛹になります。植物にとっては迷惑でしかないでしょうが、実は、「こぶ」を作っているのは植物自身です。産卵による刺激や、幼虫の唾液などの分泌物、あるいは産卵時になんらかのホルモンのようなものを注入されているのではないか、などと推測されています。さらに不思議なことには、タマバチの種類ごとにこぶの形が異なるそうです。こぶの形を見れば中に誰が住んでいるのかわかるというのは、いったい誰に対するアピールなのでしょうね？

いろいろな虫こぶ

丸いもの

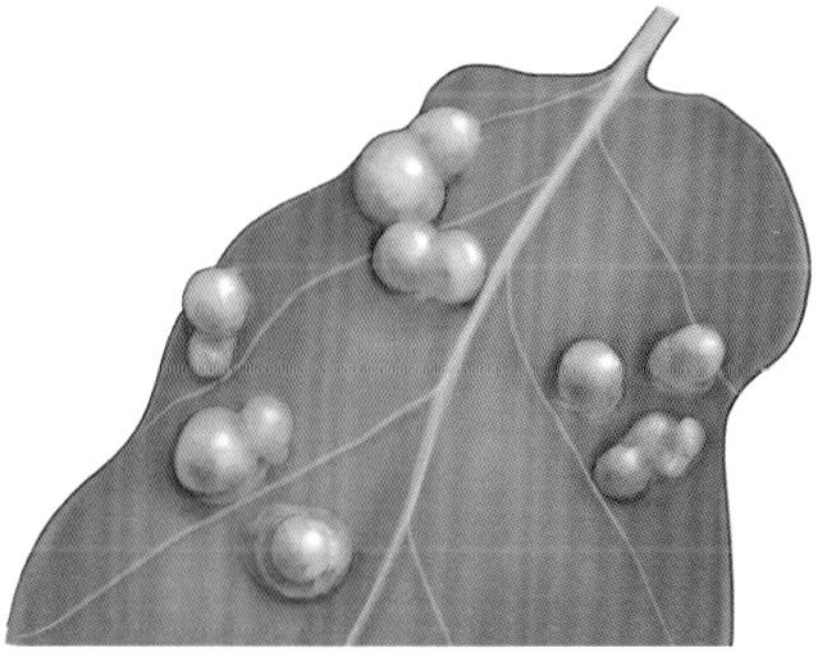

密集したもの

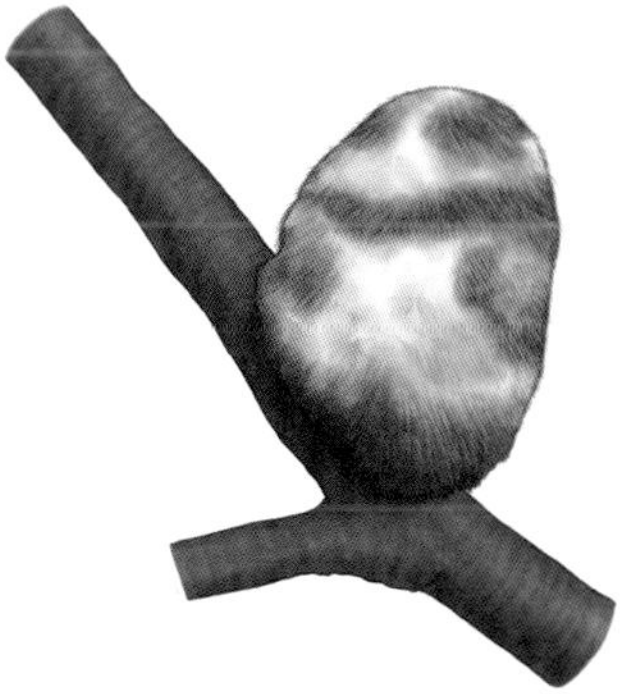

毛むくじゃらなもの

壺作りはお手のもの トックリバチ

陶芸家

カリバチ

ドロバチ科

トックリバチ属

「紙の作り方は、人がアシナガバチからヒントを得た。」という話は有名ですが…あら、ご存知ない？　そんな方は、74ページをご覧ください。同様に、人がハチから学んだのではないかとしか思えないような巣を作るハチがいます。それが、トックリバチの仲間です。その名の通り、口の部分に襟状の構造を持つ、徳利《とっくり》に似た巣を作ります。実際の巣は、徳利というよりは「壺」と言った方がしっくりくるような形をしています。巣の素材は土で、まさに人間が焼き物の壺を作るのと同じ材料を使います。ちがうところを挙げるとすれば

土に唾液を混ぜて粘土状にし、団子にして運ぶ

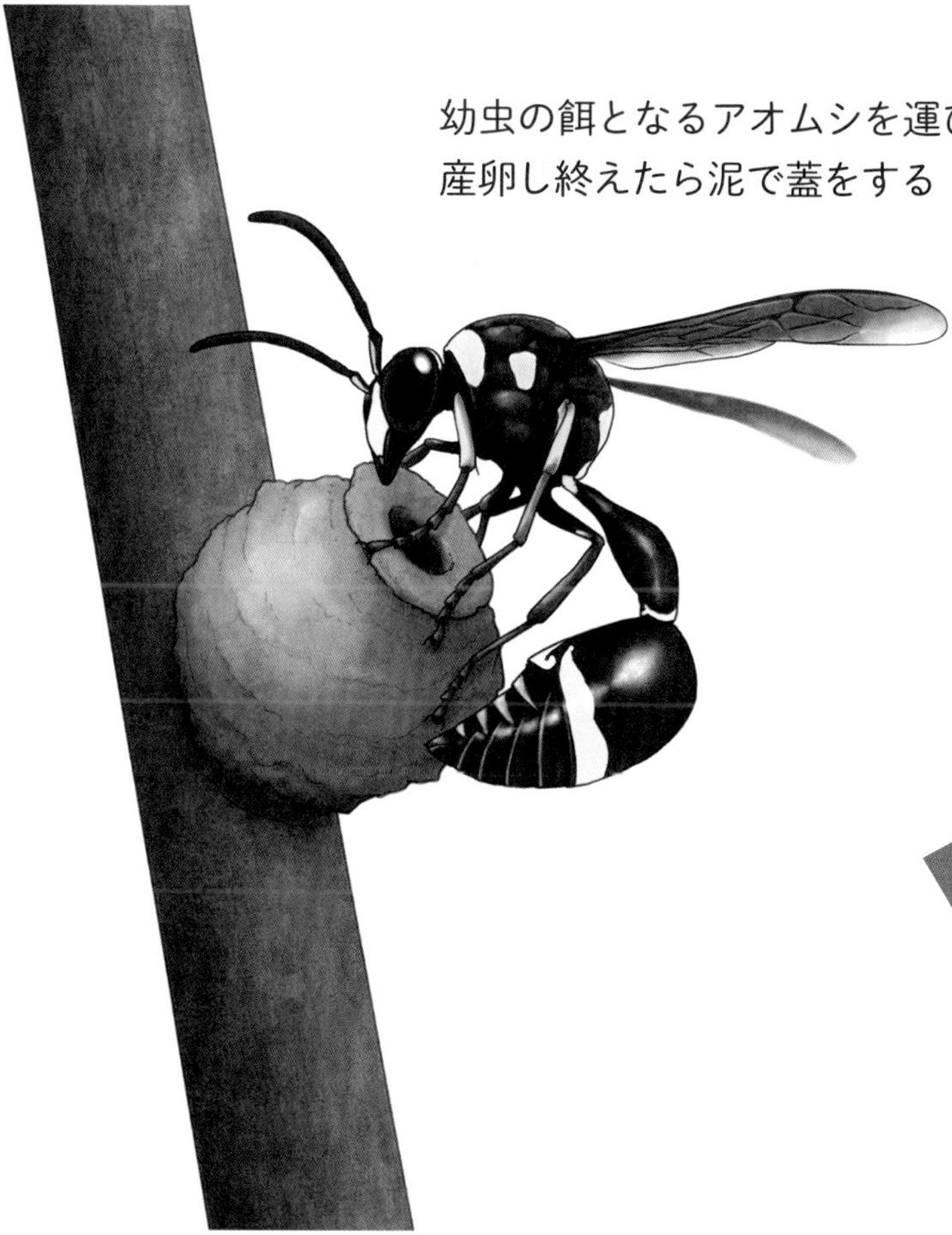

幼虫の餌となるアオムシを運び入れ、産卵し終えたら泥で蓋をする

れば、轆轤《ろくろ》を使わないこと、焼かないことくらいでしょうか。むしろ、轆轤を使うことなく、よくぞここまで丸く整った形を作るものだと感心してしまいます。鑑定士の方がご覧になったら、必ずや「よい仕事してますね～。」と太鼓判を押していただけるほど、それはそれは見事なものです。トックリバチは、唾液を混ぜてこねた土を使い、轆轤の代わりに自分の体を回転させながら、壺を成形していきます。胴の部分が完成すると、今度は首から口にかけて、襟となる部分を作っていきます。この襟の部分はロートの役割を果たしていて、トックリバチの幼虫の餌となるチョウやガの幼虫を、壺（巣）の中に入れやすくしていると考えられています。

嫌な臭いで寄せつけません
アシナガバチ

カリバチ
スズメバチ科
アシナガバチ亜科

私たちにとって怖～い存在。かつ、昆虫界の頂点に立っているようなイメージの、アシナガバチやスズメバチ。そんな彼らにも、厄介な相手がいます。それは、アリです。集団で生活し、半年間にも及ぶ長い期間※に渡って多くの卵、幼虫、蛹が育てられているアシナガバチの巣は、アリなどの天敵から見ると、常にたくさんの餌が用意されている格好の餌場と言っても過言ではありません。隙あらば、巣から幼虫などを奪い取ろうと、虎視眈々と巣の周りをウロウロしています。そんな天敵から幼虫たちを守るため、アシナガバチの巣にはある工夫が施されています。アシナガバチの巣をよく観察してみると、巣柄《すえ》と呼ばれる1本の支柱でぶら下がっていることがわかります。この構造が、巣に侵入するためのルートを1か所に限定し、天敵の侵入から巣を守りやすくしているのです。次に、巣柄から巣の本体がつながっている部分、つまり巣柄の根元付近を見てください。黒っぽく、テカテカ、ツヤツヤしていることがわかります。これは、アシナガバチが腹部から分泌する物質を塗りつけたものです。この物質こそが、アリが嫌う、アリを忌避するための重要な秘密兵器なのです。同様の工夫は、スズメバチの作り始めの巣でも見ることができます。またカリバチだけでなく、社会性の生活を営むハナバチの仲間でも、よく似たアリ避けの対策が知られています。ハリナシバチが巣の材料として利用するヤニ（樹脂）や、セイヨウミツバチの巣から集められ、健康食品として珍重されるプロポリスも、同じくアリ避けの効果があると考えられています。集団で生活し、堅牢な巣を作ることで、天敵からの防御は容易なように思えますが、実は様々な工夫が施されているのです。

※主に日本を含む温帯地域での巣作りの期間

マイホームはカタツムリの殻 マイマイツツハナバチ

世界には約2万2000種、日本には約400種いると言われているハナバチ。多くのハナバチ種が、高カロリー、高タンパクな食料である花粉を幼虫の餌にしています。そして、花から花を渡り歩き、集めた花粉を貯蔵して幼虫に与えるための空間が「巣」です。幼虫たちが育てられる巣は、土の中のトンネルや空洞、あるいは木の穴や竹、葦などといった植物の中の空間に作られます。巣の中には泥や葉、あるいは植物の樹脂などを利用して仕切りが作られ、個々の幼虫に部屋があてがわれています。巣が作られる場所や部屋の構造は、属や種によってそれぞれ異なり多種多様です。そんな中でも、なぜそんな場所を選んだのか、どうやって見つけたのか、とても特殊な場所で幼虫を育てるのがマイマイツツハナバチです。生き物好きな方は、「マイマイ」という名前を見て、それが「カタツムリ」を指しているということに気がつかれたかもしれません。実は「カタツムリ」は正式な名称ではなく、生物学的な和名として使われるのは「マイマイ」の方なのです。ただし、ここでは一般的に使われる「カタツムリ」の方で話を進めます。話をもとに戻して、当のマイマイツツハナバチは、カタツムリを住処とするとても変わったハナバチです。とはいえ、住居とするのは生きているカタツムリではありません。カタツムリの空の殻、つまり家主がいなくなって空っぽになったカタツムリの殻に巣を作ります。また「ツツ」という名前から連想される通り、筒《つつ》の中に巣を作るツツハナバチの仲間で、52ページでご紹介するマメコバチに近い種です。マメコバチは、葦や竹筒など文字通りの「筒」に巣を作りますが、マイマイツツハナバチは、曲がりくねってはいるものの筒状の住処をカタツムリの殻に見

ハナバチ
ハキリバチ科
ツツハナバチ属

幼虫の餌となる花粉
葉を噛み砕いて室の仕切りにする

出したといったところでしょうか。そんな変わり種《だね》は、北アメリカやヨーロッパを合わせても20種程度。カタツムリに巣を作るハチは、日本ではマイマイツツハナバチ1種のみです。マイマイツツハナバチは、クチベニマイマイのような大きなサイズの殻を好んで巣を作ります。また、殻の新しさよりも、穴が開いていたり欠けていたりするところがないかということの方が重要だそうです。穴が開いていると、幼虫を狙う天敵や雨などが入ってきてしまうからでしょうか。とても特殊な場所での巣作りには、その殻選びにも強いこだわりがありそうですね。

束ねた筒は集合団地
マメコバチ

ハナバチ
ハキリバチ科
ツツハナバチ属

青森県や長野県などのリンゴで有名な産地に行くと、果樹園の中に犬小屋のようなものが設置されているのを目にします。私たちがリンゴ狩りに行く時、その中身は空っぽで何も入っていません。しかし、真っ白なリンゴの花があたり一面を埋め尽くす頃になると、その小屋の中に束ねられた葦や竹筒が収められます。その束ねた筒のあたりでは、体長1cm程度の黒いハチがせわしなく飛び回っています。よく見ると、お腹の下に貯めたリンゴの花粉を筒に運び込んだり、幼虫が育つ部屋の間仕切りになるドロを口にくわえて運び込

んだりしています。このハチの名は、マメコバチ。リンゴやサクランボの受粉に利用される野生のハナバチで、細い筒の中で巣作りをします。リンゴの栽培農家さんでは、家や作業小屋の軒先に束ねた筒をいくつもぶら下げて、マメコバチに入居してもらっています。さながら、その様子はマメコバチ団地と言ってよいかもしれません。古くから宿場町として栄え、今も観光地として有名な福島県、大内宿の茅葺屋根の軒先にも、北会津リンゴ研究会という農家さんたちのグループのマメコバチ団地がたくさんぶら下がっています。説明用に看板なども掲示されていますので、この場所を訪ねることがあったら、名物のお蕎麦やお団子に心奪われるだけでなく、ぜひマメコバチ団地もご覧になってみてください。

有名なのはアリだけど…ハチの世界にもいる ハキリバチ

ハナバチ
ハキリバチ科
ハキリバチ属

切り取った葉のかけらを、列をなしたアリがくわえて運ぶ姿が、ヨットの帆にも例えられるハキリアリ。その光景は、テレビなどの映像でもよく目にします。ハキリアリは葉を巣に持ち帰り、餌となるキノコを栽培するために利用することで有名です。実はハチの中にも、葉を切り取って巣に持ち帰るものがいます。それが、ハキリバチの仲間です。とはいえ、ハキリバチが持ち帰る葉は餌にしたり、キノコの栽培に使われるわけではありません。竹や葦のような筒、または土の中の空洞に作られる巣の材料として利用します。ハナバ

葉を切り取って巣に持ち帰る
バラハキリバチ

チの一種であるハキリバチは、花から集めた花粉と蜜を混ぜ合わせた花粉ケーキを幼虫の餌にします。この花粉ケーキで満たされた部屋に、1つずつ卵を産みつけます。そしてこの部屋を作る際に、葉が利用されるのです。ハキリバチは、円や楕円に切り取った葉を丁寧に組み合わせて部屋を作ります。一方、ハキリバチが切り取ったあとの葉には、綺麗な切り跡が残ります。この切り跡を、ガなどの幼虫が葉っぱを食べた跡と勘違いする人も多いようです。でも今度、バラの葉っぱなどに綺麗な円や楕円状に切り取られた跡を見つけたら、ハキリバチの仕業ではないかと疑ってみてください。観察していると、近くで一生懸命葉っぱを切り取っているハキリバチに出会えるかもしれません。

アリのように土の中に迷路を作るアカガネコハナバチ

ハナバチ
コハナバチ科
アトジマコハナバチ属

土の中にいくつもの部屋を備え、迷路のような巣を作る昆虫の代表と言えば、アリですよね。でも、そんな巣を作ることができるのは、アリだけではありません。ハチの中にも、土の中に部屋を作り、迷路のような巣を作る種類がいます。また迷路とまではいかなくても、土の中に巣を作るハチがたくさんいることは、あまり知られていません。例えばカリバチの多くの種では、クモやガの幼虫などの獲物を地中に作った巣の中に運び込み、産卵します。またハナバチの仲間にも、集めてきた花粉を土の中に掘った穴に運び込み、ケーキ状にして産卵するものがいます。中には、シロスジフデアシハナバチのように、1mにもなるほど深く穴を掘り、先の方で6~9部屋に枝分かれした巣を作るものいます。ウツギヒメハナバチは、深さはそれほどなくても、やはり8~9部屋に枝分かれした部屋を作り、さらにその部屋の内側はお尻の先にある器官からの分泌物で、防水加工まで施されているそうです。だんだん、アリの巣っぽくなってきましたね。そして、アカガネコハナバチやホクダイコハナバチなどは、さらに多くの部屋を地中に作り、先に育った娘のハチが部屋を増設したり、花粉を集めてくるなどの仕事をして母バチを助けます。母娘が共同で巣を維持、拡大する様子は、社会性の生活を営むミツバチやスズメバチと似ています。しかし、娘バチの中には交尾をするものもいるので、ミツバチ、スズメバチなどの働きバチとは、異なる点も多いようです。コハナバチの社会構造はまだまだ未解明な部分も多いのですが、本格的な社会性=真社会性の生活様式の始まりとも言われています。

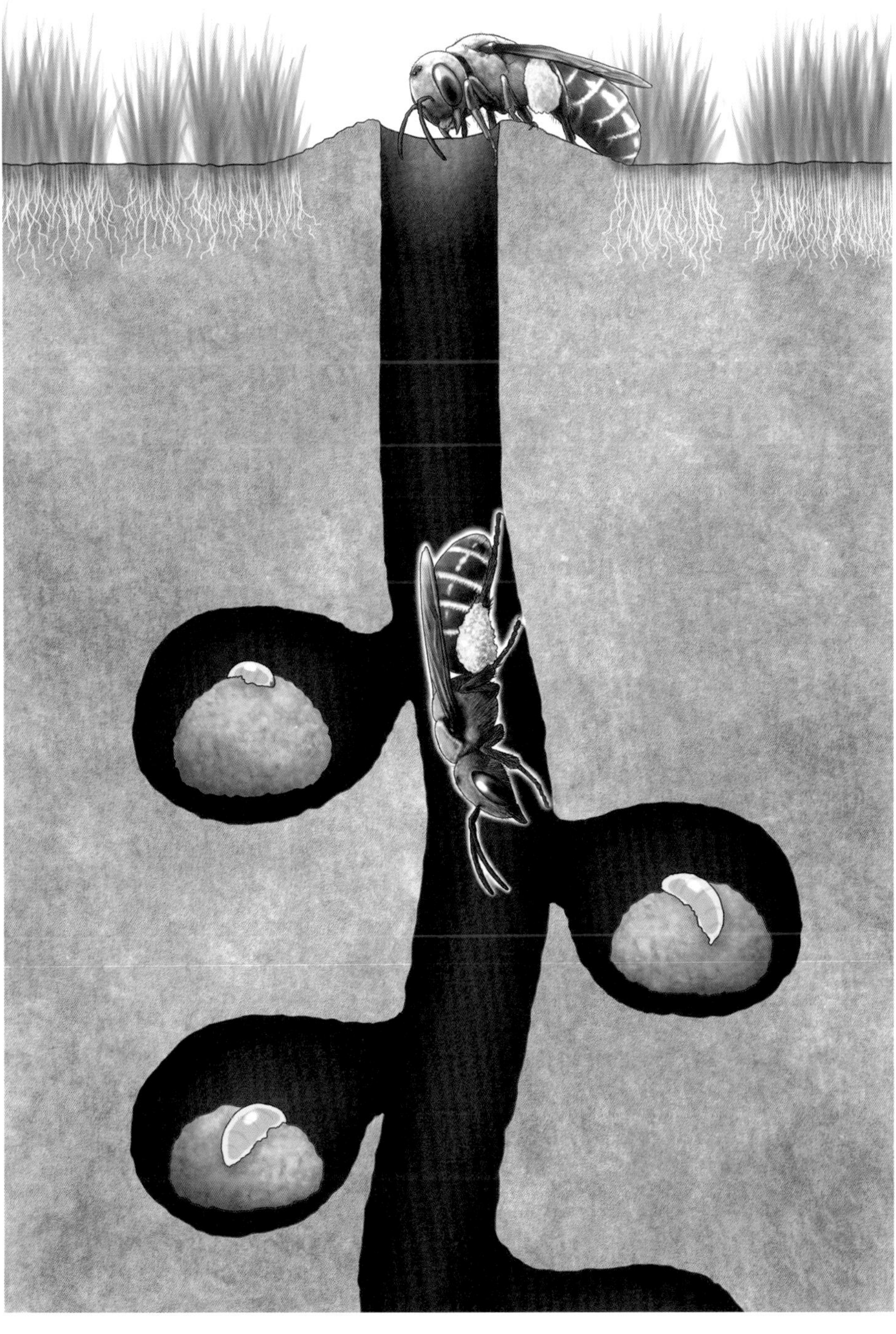

英語の名前は大工バチ クマバチ

ハチに関する知識があまりない人に、どんなハチの種類をご存知か尋ねると、ミツバチ、スズメバチ、アシナガバチ…に次いで、だいたい4番手ぐらいにその名が出てくるのがクマバチではないかと思います。「クマンバチ」と呼ばれたり、ある地域では「クマンバチ」はスズメバチのことだったり。本当は大人しいのに、同じような大きさのスズメバチと凶暴なイメージをダブらされていたりして、実は誤解の多いハチかもしれません。クマバチは、英語でカーペンタービー（Carpenter bee）と呼ばれています。カーペンターとは、英語で大工さんのこと。つまり、クマバチは外国では「大工バチ」と呼ばれているのです。その理由は、クマバチが作る巣にあります。クマバチの仲間は、枯れた枝や木材に大きなアゴで穴を開け、木の中を掘り進んで通路のような巣を作ります。

その穴と通路は、まるでドリルで開けたように美しく、またその下には細かい木くずが落ちていることから、いかにも大工さんが仕事をしたように見えたのでしょう。クマバチの巣の中は坑道のようになっていて、穴を掘った時の木くずを利用した壁でいくつもの部屋に仕切られています。それぞれの部屋には、様々な花から集めてきた花粉の団子が1つずつ収められています。幼虫が蛹になるまでに必要な量に調整された花粉の団子を、幼虫は少しずつ食べて成長します。巣の入口は、坑道に対して直角になるように配置されています。巣を作った母バチは、花粉や蜜を求めて巣の外に出ている時以外は、入口付近で外敵の侵入に備えて陣取っています。たまにその丸い頭で、巣穴に栓をしていることも。巣穴を覗いて目が合っても襲ってくることのない、子煩悩で大人しいハチなのです。

ハナバチ
ミツバチ科
クマバチ属

ウズラの卵、温泉饅頭の積み重ね？相部屋で育つマルハナバチ

ハナバチ

ミツバチ科

マルハナバチ属

ハチの巣と言えば、思い浮かべるのは六角形ですよね？　確かに、アシナガバチやスズメバチは繊維で、ミツバチはロウで六角形の巣を作ります。素材のちがいはあるにしても、なぜそんな美しい六角形を作ることができるのか、生物の不思議を感じざるを得ません。しかし、はじめから六角形の巣作りが行われてきたわけではなく、どうやら進化の過程で獲得されてきたもののようなのです。ミツバチと同じミツバチ亜科に分類されるハリナシバチやマルハナバチは、六角形ではなく、楕円あるいは円形の巣を積み重ねたような巣を作ります。温泉饅頭《まんじゅう》を思わせる幼虫の部屋、ウズラの卵を思わせる蛹の部屋が積み重ねられたマルハナバチの巣は、地中の空洞に作られます。はじめから六角形の部屋が用意されているミツバチの巣とはちがい、ロウに花粉などを煉り合せた巣材は、幼虫の成長に合わせて伸縮するようになっています。まず、8〜10個ずつ同じ部屋の中にまとめて産みつけられた卵は、2、3日するとふ化して、幼虫になります。幼虫が若齢の間は相部屋のまま育ち、大きくなるにつれてそれぞれの部屋に分かれていきます。これは、他のハチには見られない子育ての方法です。幼虫の部屋が温泉饅頭を連ねたような状態になると、幼虫は糸を吐いて繭を形成します。この繭は、まるでウズラの卵が立ったような形状をしています。蛹化から7日ほど経過すると、成虫として羽化します。羽化したあとの部屋は、再び幼虫を育てることには利用せず、余分な巣材を取り除いたあと、蜜や花粉を貯めるための壺として再利用します。次に育つ卵の部屋は、巣材をつぎ足しながら、蛹の部屋の上に作られます。このように、幼虫が育つ部屋は上や横に拡張していきます。マルハナバチは、

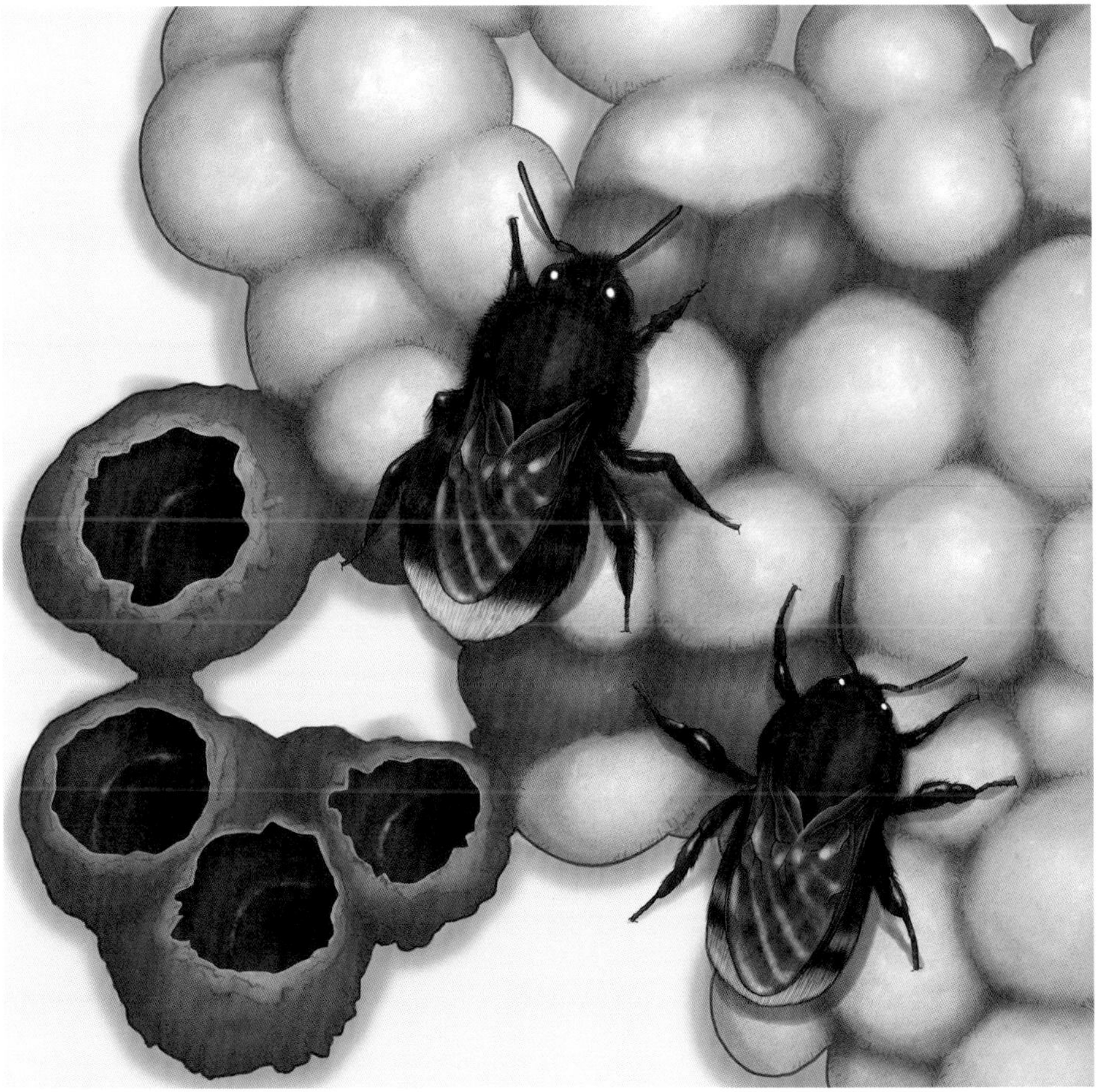

春から早秋の間に数十〜数百程度の働きバチを育て、秋が深まると新しい女王バチやオスバチをそれぞれ数十〜数百程度育てます。その間、巣は拡大し、サッカーボールほどの大きさまで成長していきます。これは、分類の近いミツバチやハリナシバチと比べて、巣の規模として大きなものではありません。マルハナバチの分布の中心は、はっきりとした四季のある温帯の北部域です。花粉や蜜を糧に生きるマルハナバチにとって、食料を提供してくれる花が咲かない冬という季節の到来は、巣を大きくしていく上での制限になります。一見非効率に思える変幻自在に形を変える巣の作り方も、春から秋までの限られた期間に、限られた空間の中で行われる巣作りには適したものと言えるのかもしれません。

六角形の構造は戦車にも使われるミツバチ

ハナバチ
ミツバチ科
ミツバチ属

ハチの巣としてもっとも思い描きやすいのは、六角形の幾何学模様でしょう。ハチをイメージさせるデザインには、必ずと言ってよいほど描かれています。六角形の巣を作る代表は、アシナガバチ、スズメバチ、そしてミツバチです。特に六角形の立体構造は「ハニーカム構造」と名づけられ、ミツバチが作る巣を表した呼び方になっています。ミツバチの巣は、ハチミツを原料としてミツバチの体内で作られたロウを素材にして作られています。ミツバチの巣を溶かせばロウソクを作ることができるほど、混じり気のないロウです。腹部の節の間から鱗《うろこ》のように押し出されてくるロウ片を、ミツバチは口で上手にほぐし、引き延ばしながら六角形の巣を作り上げていきます。「ハニーカム構造」は、少ない素材で非常に軽量でありながら、安定性、剛性（硬さ）に優れた構造とされています。そのため私たち人間が作り出すもの、例えば飛行機の翼、戦車の装甲などにも、ミツバチの巣を見習ったハニーカム構造が採用されています。またハニーカム構造は、災害などで損傷した橋梁と道路の境目の段差を復旧させるための補強資材としても使用され、いち早いライフラインの復旧にも役立てられています。なぜ、ハチはこの六角形を作り出すことができるのかという問いについては、我々ハチの研究者よりも、数学者や建築学者の方が関心を持って解明してきました。時には、ある数学者が自身の計算ミスに気づかずミツバチの巣には角度にズレがあるという論文を発表したところ、のちに別の数学者からハチの正確性を証明し直す論文が発表されるなどの逸話も残っています。私たち人間の知恵は、悠久の歴史の中で培われてきたハチの習性にはまだまだ遠く及ばないということかもしれません。

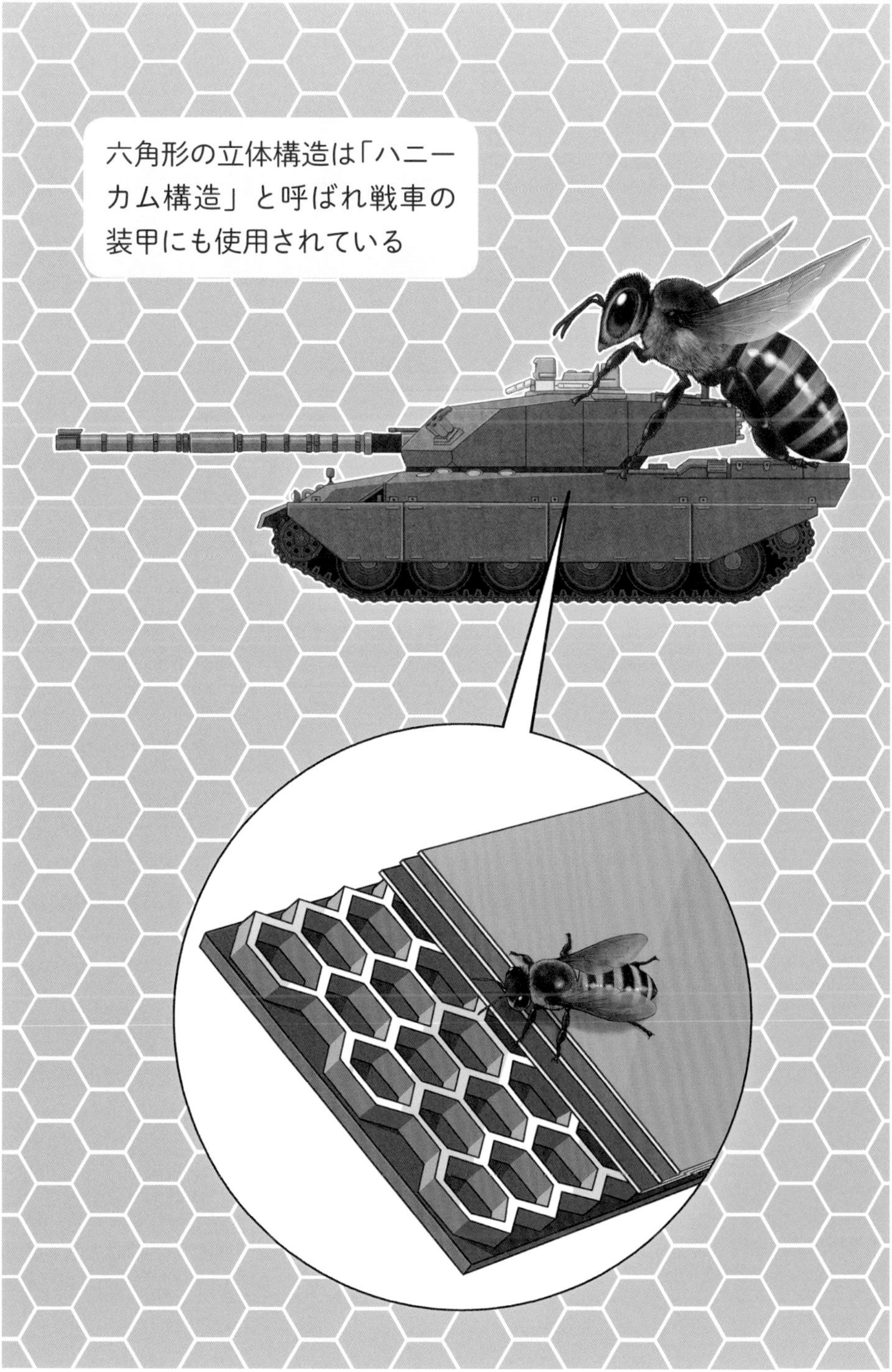
六角形の立体構造は「ハニーカム構造」と呼ばれ戦車の装甲にも使用されている

COLUMN 1

2度目は危ない？おしっこが効く？ハチ刺されの迷信

ハチの巣作りに関するエピソードを題材とした第2章のコラムとしてはふさわしくないのかもしれませんが、ハチを語る上で避けて通れないのが、ハチによる刺傷事故です。ただし、第1章でも解説したように、ハチの種の4分の3は刺すことはありません。ハチの毒針は産卵管が変化したものですが、産卵管をそのまま産卵に利用しているハチは、ハリのように見えるものも毒針としての機能は有していません。また、そもそもの毒針の使用目的は、動かないあるいは動きの遅い相手に産卵する寄生バチから、動きの速い相手も餌の対象にするようになったカリバチへの進化の過程で獲得されたものです。幼虫の餌となる獲物を捕まえて大人しくさせて、巣穴などに移動し、動かない、しかし死んで腐ってしまうことがないように麻酔を打ち込むためのものです。単独で生活しているほとんどのカリバチ、あるいはハナバチも、意図的に素手で捕まえて握るなどのことでもしない限り、人に対して危害を与えるようなことはありません。つまり基本的に、ハチから我々に対して「刺す」という行動は、ハチの側から襲ってくるのではなく、身を守るあるいは巣を防御するために行うものであることがポイントです。ハチが、自身の命の危険を感じる、巣や幼虫に危害が加わる恐れがあるという時に、不幸な事故につながる場合があるのです。特に大きな巣を作る、つまり防御すべき仲間や幼虫を多数抱える社会性のハチが、私たち人間の日常生活において、ハチによる刺傷事故に遭遇する頻度が高いと言えるかもしれません。その代表が、スズメバチ、アシナガバチとミツバチと言えます。「ハチ＝刺す昆虫」であるという過剰な固定観念が多くの人々に浸透しているように、ハチ刺されに関しても多くの誤解があります。まず、刺したハチの針が抜けて、刺された相手に針が残るのはミツバチだけです。その他のハチはハリが抜けることはなく、同じハチが何回も刺すことができます。また、「2回目に刺されると危ない、アナフィラキシー症状が必ず出る」というのもまちがいです。はじめて刺されるよりは、確かにアレルギー反応の1つであるアナフィラキシーショックを起こす可能性は高いかもしれません。しかし、はじめて刺されたから安心ということでもありませんし、2回目だろうが何回目だろうが、アナフィラキシーショックのような重篤な症状が見られない人もたくさんいます。人生において幾度刺されたか数えきれないような養蜂家さんの中には、「唾つけときゃ治る」なんて方もおられるほどですが、これもまた大きな誤解です。

何より重要なことは、ハチに刺されないようにすることです。刺傷事故の多いスズメバチ、アシナガバチ、ミツバチは、巣を守るためにやむなく攻撃してきます。これらのハチの巣を見かけたら、近寄らないことが肝心です。また、不意のことで刺されてしまった場合には、毒を抜くことが重要です。登山などハチの巣に近づいてしまう可能性が高い場所に出かける際には、アウトドアショップなどで販売されているポイズンリムーバーなどを所持されるとよいでしょう。そのような道具がない場合は、患部から毒を絞り出すようにしながら、水道水や川の水などで患部を洗います。ハチ毒は水溶性なので、この方法は有効です。水で流すことは、患部を冷やすことにもつながります。ちなみに、「アンモニアが効く」とか「おしっこをかけるとよい」、これも迷信的な誤解です。

これらの処置を十分に行ったら、患部に虫刺され用の軟膏を塗ります。また、抗ヒスタミン成分を含有する「レスタミンコーワ」や「アレルギール錠」などを服用すると、アレルギー症状の発症を軽減してくれます。これらのファーストエイドのあと、腫れが酷かったり、気分が悪くなるようであれば、病院で診察を受けてください。車で病院に向かう場合には、自身では運転しないようにしましょう。なお、「日本中毒情報センター」がつくばと大阪に設置されています。お困りの際は、下記の電話番号に問い合わせてください。

大阪：072-727-2499（365日24時間）、つくば：029-852-9999（365日9時～21時）

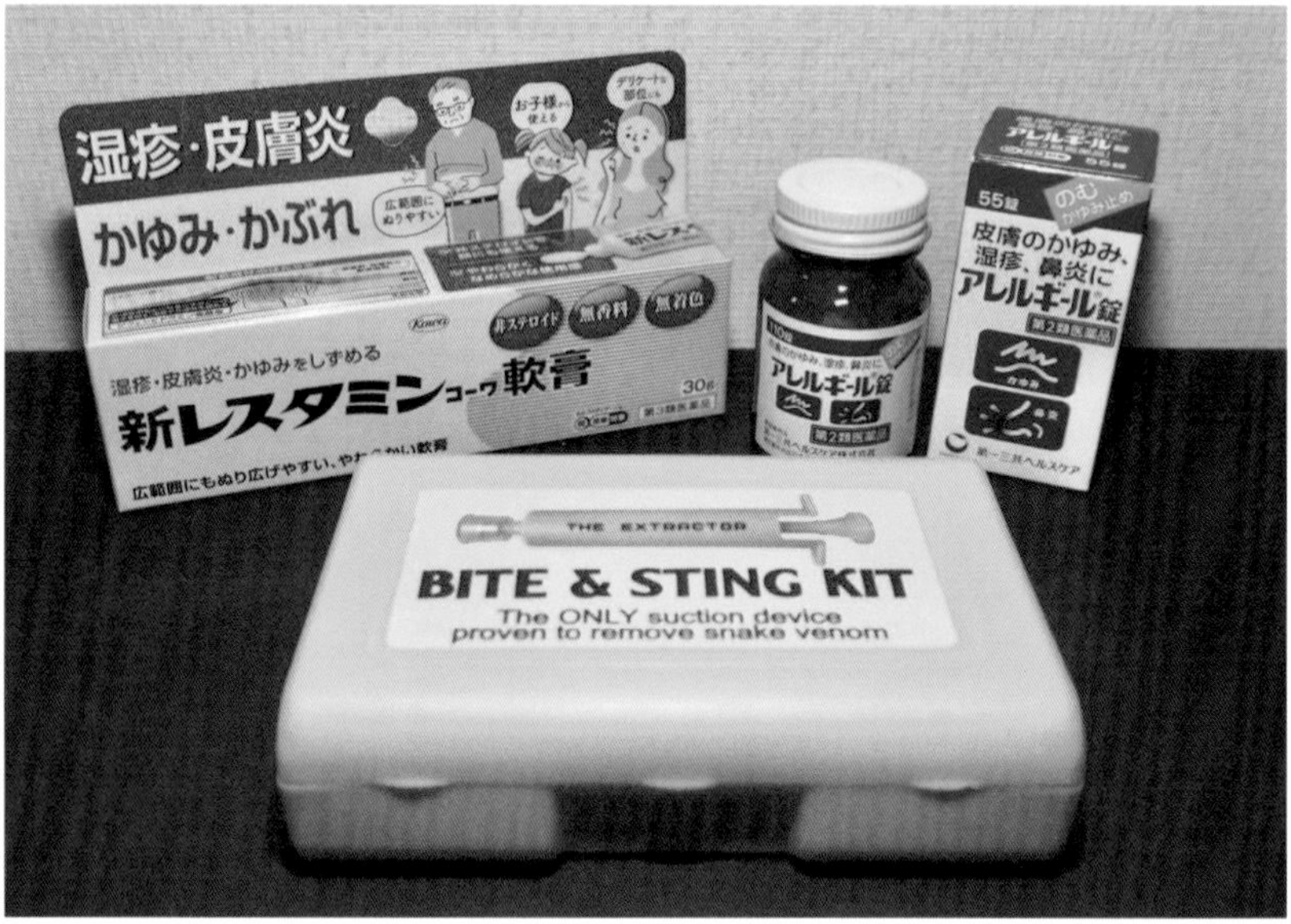

▲ハチに刺された際に有効な軟膏や錠剤とポイズンリムーバーの例

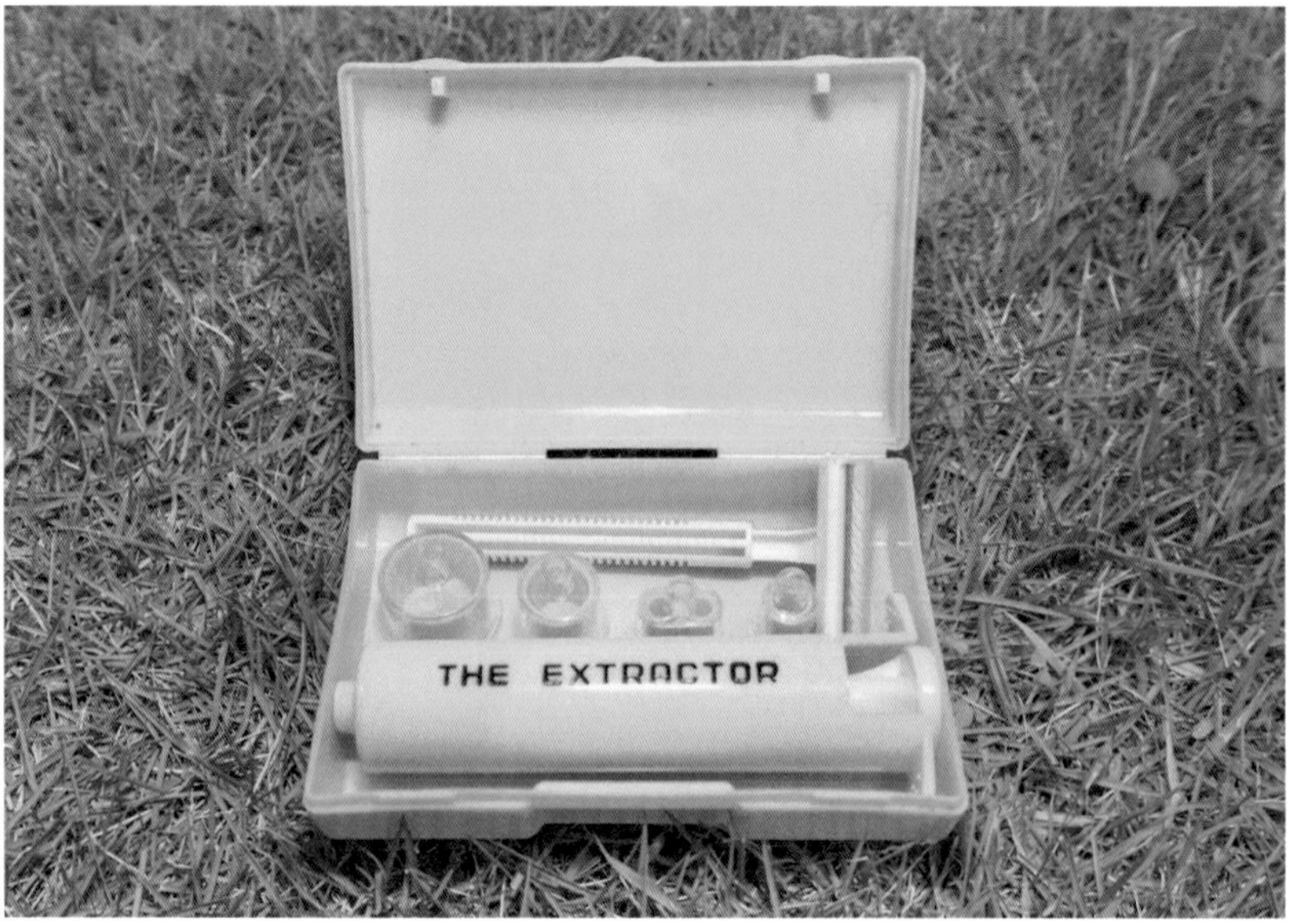

▲ポイズンリムーバーの中身

第3章

お世話になってます！あれもこれもハチのおかげ

畑を守る用心棒たち オンシツツヤコバチなど

寄生バチ

ツヤコバチ科など

農家さんが野菜や果物を育てていると、その葉や茎、時には果実そのものを食べてしまう昆虫、つまり私たち人間にとっての害虫が発生します。畑や果樹園に発生する害虫を駆除しなければ、農生産物の見た目が悪くなったり、収穫量が減少したりして、安定して野菜や果物を生産することができなくなります。そのため農家さんは、必要に応じて農薬を使うことで、害虫を駆除しながら農作物の栽培を行っています。「農薬」という言葉から、皆さんは人体や環境への影響が懸念されそうな、人為的に合成された化学物質を想像されるかもしれません。しかし、日本の農薬に関する法制度「農薬取締法」に基づいて登録を受けた農薬の中には、なんと昆虫や微生物を増殖することによって製品化した、生物農薬と呼ばれるものが存在します。そして、その中には何種類かの寄生バチも含まれています。

例えばコナジラミという害虫にはオンシツツヤコバチ、サバクツヤコバチが。ハモグリバエには、ハモグリミドリヒメコバチが。アブラムシには、コレマンアブラバチ、ギフアブラバチ、チャバラアブラコバチが、といった具合です。農作物に発生する害虫の種類ごとに寄生バチが製品化されているので、農家さんはこれらのハチを購入。畑に化学農薬ではなくハチを放して、害虫を防除するというわけです。生き物の力を借りるところから生物農薬と呼ばれるこの技術は、オランダなどのヨーロッパで確立され、欧米はもちろん、アフリカ大陸や中東、日本を含む東アジアなど、世界中で利用されるようになってきています。いかがですか？ 最近の農業って進んでるでしょ？ いや、むしろ自然の力を見直して利用しようとすることは、進歩というよりも原点回帰になるのかもしれませんね。

野菜ハウスにハチの銀行
コレマンアブラバチ

寄生バチ
コマユバチ科
アブラバチ亜科

　寄生バチ、と呼ばれるハチの分類があります。別の昆虫に卵を産みつけ、その体内で幼虫が育つのが、寄生バチの仲間の特徴です。聞き慣れないという方もいるかもしれませんが、実はこの寄生バチ、約15万種いると言われるハチの中でもっとも種類が多いのです。まだ発見されていないものも含めると、その数はすべての昆虫の種類に匹敵、もしくはそれ以上の種数の寄生バチが存在するのではないかと言われるほどです。なにしろ寄生相手（寄主）となる昆虫1種に対して、複数種の寄生バチがいることもありますし、また、寄生バチに寄生する寄生バチもいるほどなのです。寄生される昆虫側からすると、寄生バチは「天敵」ということになります。そして、寄生バチはその種数や多様さから、天敵昆虫の代表的な存在としても扱われます。これらの寄生バチが寄生する相手には、私たち人間が農作物を栽培する際に害をなす「害虫」も含まれています。近年、こうした天敵昆虫を利用して農作物の害虫を防除する方法が、農業現場で盛んに導入されるようになっています。例えば、農作物の害虫の1つにアブラムシがいます。ワタアブラムシやモモアカアブラムシは、キュウリ、ナス、ピーマン、イチゴなど、広範な野菜に発生するやっかいな害虫です。アブラムシの天敵と言えば、テントウムシを思い出されるかもしれません。でも、野菜を生産する農家さんたちが頼りにしている天敵昆虫は、実は寄生バチの一種コレマンアブラバチなのです。驚くべきことにこのコレマンアブラバチは、大量に増殖されて農家さんに農薬※として販売されています。こうした天敵昆虫を利用した害虫駆除は、化学農薬と区別して「天敵農薬」あるいは「生物農薬」と呼ばれています。コレマンアブラバチは、

※日本では作物栽培に発生する病気や害虫を駆除する際に利用される薬や資材は、その効果を確認した上で販売することなどを定めた法律＝農薬取締法の認可を受ける必要がある（88ページ参照）

コレマンアブラバチは農薬として販売され、ムギクビレアブラムシに寄生させることで増殖される

主にビニールハウスなど施設内で栽培されている野菜で活躍しています。農業の現場で農家さんを助けているのは、後述のミツバチやマルハナバチだけではありません。そして、コレマンアブラバチをより効果的に役立てる方法が、バンカー法です（バンカーは英語で銀行の意味）。バンカー法では、栽培する野菜とは別にムギを育て、ムギで繁殖するムギクビレアブラムシを発生させます。このムギクビレアブラムシは栽培する野菜には害を及ぼしませんが、コレマンアブラバチが寄生して、コレマンアブラバチを増殖させる相手になります。つまり、野菜に害をなすアブラムシの天敵であるコレマンアブラバチを増やし、溜めておくための天敵銀行というわけです。

旅は道連れ、風まかせ カマバチ

カリバチ

カマバチ科

カマバチ亜科など

ハチの中でもっとも種数の多い寄生バチは、幼虫が他の昆虫の体を餌として成長します。寄生バチに寄生される昆虫を、「宿主（しゅくしゅ）」とか「寄主（きしゅ）」と呼びます。寄生バチの寄主への寄生方法は、大きく2つあります。1つは、寄生バチの幼虫が寄主の体の中で育つ「内部寄生」。もう1つは、寄主の体の一部に張りついて育つ「外部寄生」です。今回の主役、カマバチの幼虫は、外部寄生をするタイプの寄生バチです。カマバチの寄主は、セミに近い仲間で、ウンカ、ヨコバイという昆虫です。セミと同様に植物から養分を吸って生活するため、ウンカの中には私たちの主食であるお米、つまり稲の栽培に大きな被害をもたらす種もいます。つまりカマバチは、害虫のウンカに寄生してくれる、ありがたいハチというわけです。

カマバチという名前は、前肢《あし》にカマキリのようなカマを持つことからつけられました。カマバチのメスには翅がなく、歩きながら移動します。その様子は、まさに小さなカマキリのよう。カマキリと同じく、前肢のカマでウンカを捕えます。カマキリと異なるのは、ウンカを食べるためではなく、産卵するために捕まえる点です。ウンカの体の外側に産みつけられた卵は、ふ化するとウンカのお腹の節や頭と胸のつなぎ目などにくっついて、ウンカの体液を吸いながら成長します。寄生されたウンカは、体にカマバチの幼虫をくっけたまま生活します。稲を食害するウンカは、中国大陸などから日本にまで風に乗って飛んでくることもあります。カマバチも、ウンカに寄生したまま一緒に風にゆられ、遠く海を渡ってくることもあるとか。でも、最終的に寄生されて殺されてしまう側のウンカにとっては、「旅は道連れ…」という気分ではないですよね。

産卵のためにヨコバイを捕らえる
カマバチ
ヨコバイに寄生する
カマバチの幼虫

紙の作り方教えます！アシナガバチ、スズメバチ

カリバチ

スズメバチ科

突然ですが、皆さんは人類の「三大発明」をご存知でしょうか？　ロケット？　パソコン？　スマートフォン？　いえいえ。それは、火薬、羅針盤、活版印刷だそうです。急速にデジタル化が進んだ今日では今１つピンと来ないかもしれませんが…。それはさておき、活版印刷には紙の存在が欠かせません。紙の発明があってこその印刷技術です。さて、ここからが本題です。その紙の作り方を人類に教えたのは、実はハチだと言われていることをご存知でしたか？　紙は、紀元前１５０年ごろに中国で発明されたものが最古のものとされています。紙の定義は「植物などの繊維を絡ませながら糊のような固着剤などを利用して薄く平たく成形したもの。」（ウィキペディアより）だそうです。そしてこの定義というか製法とほぼ同じようなことを、アシナガバチは人が紙を作り始めるずっと以前から行ってきました。アシナガバチは、植物の枝や葉に生えている毛や、木のけば立った部分を齧り取り、噛み砕きながら、特殊な成分を含んだ唾液と混ぜ合わせて巣の材料にします。アシナガバチの巣を透かして見ると、紙と同じように細かい繊維状のものが複雑に絡み合って形成されていることがわかります。このアシナガバチの巣作りをヒントにして、紙が作られたと考えられているのです。加えて、近代においてもスズメバチが木材を噛み砕いて巣の材料にしていることを観察して、木材から紙を作ることができるという論文を１７１９年にフランス人学者のルネ・レオミュールが残しています。つまり、現在の木材パルプから紙を作る方法はスズメバチから学んだというわけです。時を超え、2種類のカリバチから学んだ紙作り。ハチって、本当に偉大です。

木材から紙を作ることは
アシナガバチから学んだ？

見直される伝統食 クロスズメバチの幼虫

カリバチ
スズメバチ科
スズメバチ亜科

最近、話題の昆虫食。メディアはもちろん、実際にコオロギなどの昆虫入り食品が販売されているのを目にしますね。世界に目を向けると、アフリカなどの熱帯地域をはじめ、アジア諸国、タイや中国など、昆虫を食べる習慣は珍しいものではありません。日本でも、岐阜、長野、山梨県の本州山岳地域や山形県などでは、昔から貴重なタンパク源として昆虫が食べられています。世界で食用となる昆虫は１９００種以上とも言われ、日本でもこれまでに55種もの昆虫が食べられてきた記録があるそうです。もうお気づきかと思いますが、その中にはハチも含まれていて、主にスズメバチ類の幼虫や蛹が食べられてきました。特に、小型のクロスズメバチの幼虫や蛹は「ジバチの子」と呼ばれ、佃煮や炊き込みご飯にして食されます。ある時、山梨県のとある町営温泉で、地元のお歴々が「あんなに美味いものはないね！」とジバチ料理で盛り上がっている場面に出くわしたことがあります。そんな美味しいジバチの子を食べるためには、たくさんの幼虫を育てている巣を収獲しなければなりません。「ジバチ」という呼び名から想像できるように、土の中にあるクロスズメバチの巣を発見するのは大変です。しかし、伝統的な見つけ方があります。まずは、鳥のささ身などでクロスズメバチをおびき寄せます。幼虫のための肉団子※作りに夢中になっているその隙に、軽い綿などを細く伸ばして、横からそ～っと先を肉団子に絡ませて目印にします。あとは餌と一緒に目印をぶら下げながら飛んでいくクロスズメバチを追いかけて、巣の場所を探り当てます。さあ、皆さんもブームに乗って、伝統的な昆虫食を召し上がってみませんか？　私？　私は大好きなハチを食べるのはちょっと…。

※アシナガバチやスズメバチの仲間は、昆虫や動物の肉を幼虫が消化しやすいように団子状にして持ち帰り、幼虫に与える

餌に目印をつけ、巣に戻るク
ロスズメバチのあとを追いか
けて巣の場所をつきとめる

スポーツ飲料のヒントになったのは幼虫の唾液？　スズメバチ

カリバチ

スズメバチ科

スズメバチ属

皆さんは、「ＶＡＡＭ」というスポーツドリンクをご存知でしょうか？　シドニーオリンピックの金メダリスト、マラソンの高橋尚子さんが当時愛飲されていたことでも有名になりました。この変わった商品名の先頭の「Ｖ」は、Ｖｉｃｔｏｒｙ（ヴィクトリー）のＶではありません。Ｖｅｓｐａ（ベスパ）のＶです。Ｖｅｓｐａとは、あの怖〜いイメージがつきまとうスズメバチの学名です。「ＶＡＡＭ」が注目したのは、スズメバチの働きバチが何キロも高速で飛び続けることを可能にしているエネルギー源です。その秘密は、スズメバチの幼虫が口から出す唾液にありました。スズメバチの幼虫は、働きバチが狩りをして捕まえたガの幼虫やセミなど、他の昆虫を団子状にした「肉団子」を餌にしています。この肉団子を食べた幼虫は、体内で消化・吸収し、唾液腺からあらたな生成物（栄養分）を透明な液体として吐き戻す習性があります。その液体には、生体タンパク質を構成するアミノ酸20種のうち、なんと17種も含まれているそうです。成虫の働きバチは、このアミノ酸が豊富に含まれる栄養価の高い〝唾液〟を摂取し、それを栄養源として、次なる餌を探して何キロも飛ぶことができます。まさに栄養ドリンクです。スズメバチが昆虫を狩るのは、幼虫の餌にするためです。なぜなら、スズメバチの成虫は腰が細く、肉団子のような固形物を食べても胃や腸まで運べません。そこで、成虫は摂取可能な液体になった栄養源を、幼虫からもらうというわけです。これを、栄養交換と言います。そして、スズメバチの幼虫が吐き戻す液体の成分を分析して、人工的に配合したスズメバチアミノ酸混合飲料が、「ＶＡＡＭ」なのです。実際に幼虫の唾液を集めたものではないので、ご安心を。

HP
HP

リンゴが食べられるのはマメコバチのおかげ

リンゴは、古くから人間が食べてきたとされる果物です。その歴史は紀元前までさかのぼるそうですが、日本での栽培の歴史は明治時代からと言われています。近年、日本のリンゴは台湾など他のアジアの国々で人気があるようで、輸出量も増えています。リンゴの国内の栽培面積はミカンに次いで第2位…。失礼しました。リンゴのうんちくはここまでにして、本題であるハチとリンゴの関わりについての話に移りましょう。

リンゴは、同じ品種の花粉では結実しない「自家不和《じかふわ》合性《ごうせい》」という傾向の強い植物です。そのため、栽培している品種とは別の品種の花粉を、毛玉のような「梵《ぼん》天《てん》」という道具につけて人工授粉が行われてきました。この大変な労働力に代わる頼もしい助っ人が、マメコバチというハナバチです。適当な太さの葦や竹筒を束ねておくと、たくさんのマメコバチが集まってきて巣作りを始めます。マメコバチは、ちょうどリンゴの花が咲く4月末~5月頃に成虫になり、幼虫の餌となる花粉をリンゴの花から集めます。リンゴの花から花へ、複数の品種から品種へ分け隔てなく飛び回り懸命に花粉を集める行動が、リンゴの受粉につながります。マメコバチが1日当たりに訪れるリンゴの花の数は、セイヨウミツバチの5.6倍にもなるという試算もあります。

リンゴ栽培の盛んな長野県や東北地方では、同じ頃に開花するサクランボの受粉にもマメコバチが利用されています。そして、リンゴやサクランボなどのバラ科果樹の受粉にマメコバチの仲間を利用する研究成果は、他のアジアの国々や欧米諸国などにも紹介され、多くの国の技術として定着しています。日本のリンゴは生産物だけでなく、その成果も海外で高く評価されているのです。

ハナバチ
ハキリバチ科
ツツハナバチ属

トマトが食べられるのはマルハナバチのおかげ

ハナバチ

ミツバチ科

マルハナバチ属

日本のビニールハウスなどの施設で栽培されている作物の中で、栽培面積がもっとも広い野菜は何かご存知でしょうか？　それは、トマトです。最近では、大玉、中玉、ミニなど、大きさだけでなく、形、色や味も様々、数多くの品種が栽培され、スーパーなどの野菜売り場にところ狭しと並べられています。30年ほど前まで、施設で栽培されるトマトは、化学合成された植物ホルモン剤を花に処理するなどして、人工的に実を成らせていました。トマトの花は、とても変わった形をしています。束になった雄しべが下向きに突出し、花粉も露出していません。そのため、ミツバチではトマトの花粉をうまく集められず、人の手による授粉（人工授粉）に頼らざるを得なかったのです。しかし、ホルモン処理による人工授粉では、手間がかかります。また実際には授粉ではなく、ただホルモンバランスを変えて実を肥大化させているだけなので、トマトの実の中に種ができず、中のゼリー部分が空洞になったりして、味もあまりよいとは言えないトマトが作られていたのです。そして、その救世主になったのがマルハナバチです。マルハナバチは、飛ぶための筋肉がとても発達しています。下向きに咲いて花粉が露出していない花でも、マルハナバチであれば花にぶら下がり、筋肉を震わせて花を揺さぶることで、上手に花粉を集めることができたのです。１９８０年代の後半にマルハナバチの増殖技術が確立されてから、世界中のハウス栽培のトマトはマルハナバチで受粉されるようになりました。日本でも、ハウス栽培のほとんどのトマトがマルハナバチによって受粉されています。トマトを食べる時に種が入っていたら、ぜひマルハナバチたちの活躍を思い出してあげてください。

イチゴやメロンが食べられるのは ミツバチのおかげ

ハナバチ
ミツバチ科
ミツバチ属

2009年、日本でちょっとした騒動が起きました。ミツバチの不足により、今年は「イチゴが食べられないかもしれない」「果物の値段が上がるかもしれない」というのです。その時はじめて、イチゴの受粉にミツバチが活躍していることを知った人も多いかもしれません。イチゴの他にも、メロンやスイカ、サクランボなど、ミツバチが受粉している果物はたくさんあります。中でも、イチゴの約90%、メロンの約75%が、ミツバチの受粉によって実っています（農林水産省調べ）。ところで皆さんは、「イチゴの旬」と聞いて何月頃を思い浮かべるしょうか？　イチゴの旬は、3～4月だそうです。でも実際は、クリスマスのショートケーキや、イチゴ狩りに合わせて12月から5月頃まで、野菜売り場にもイチゴが並びます。つまり、日本の気候では本来であれば実のならない時期に、イチゴを収穫しなければならないのです。そのため日本のイチゴは、80%以上がビニールハウスなどの施設で栽培されています。北海道や長野県など、その涼しい気候を利用して夏に採れるイチゴを栽培する地域もありますが、国内では多くのイチゴがクリスマス頃から5月頃に収穫できるよう、ハウスを温かく保温して、冬でもイチゴが育つ「促成栽培」と呼ばれる方式で栽培されています。そんな冬を越す栽培時期のイチゴに、野外からハチが飛んできて受粉を助けてくれるはずがありません。そのため養蜂家からミツバチの巣を借りたり、購入したりして、イチゴのハウスにミツバチを導入します。ミツバチは、私たち人間にハチミツを提供してくれる昆虫というイメージが強いかもしれませんが、イチゴやメロンの受粉もまた、ミツバチが私たちにもたらしてくれる恩恵なのです。

甘～いハチミツは働きバチが吐き戻した…？ ミツバチ

ハナバチ

ミツバチ科

ミツバチ属

私たち人間にもっともなじみ深いハチと言えば、やはりミツバチでしょう。そして、ミツバチが集める甘いハチミツに魅了されたのは、現代を生きる私たちだけではなかったようです。古くは紀元前6000年頃に描かれたと考えられている洞窟の壁画に、ミツバチの巣からハチミツを集める様子が描かれています。また、古代エジプトではすでに養蜂が始まっていたと推測されています。ところで、皆さんはミツバチが花の蜜を集めてきたら、それがそのまま「ハチミツ」になるとお考えでしょうか？　ミツバチは、花から蜜を吸い、飲み込みます。飲み込んだ花の蜜は、蜜胃と呼ばれる胃に取り込まれます。胃の中の酵素によって、取り込まれた花蜜の主成分であるショ糖が、ブドウ糖と果糖に分解されます。そして花蜜の含まれる水分が吸収されるなどして、水分含有量20％以下という高濃度に濃縮されます。そして、PH3.5と、かなりの酸性に調整されます。高濃度かつ酸性という特徴により、微生物の繁殖が抑制されるため、「ハチミツは腐らない」のです。このようにミツバチの胃の中で処理を重ねたものは、ミツバチのゲロとして吐き戻されます。吐き戻された花蜜は、巣の中でミツバチが翅で扇ぐなどして水分が飛ばされ、さらに熟成されることによってハチミツとして完成します。なんだか、蔵人（酒職人）やしょうゆ醸造家さんを連想させる職人技です。このようにしてミツバチの働きバチ1匹が生涯集められるハチミツの量は、ティースプーン1杯分と言われています。お店に並べられているビンに入っている量のハチミツが、どれだけの働きバチの血と涙の結晶であるか想像できますか？

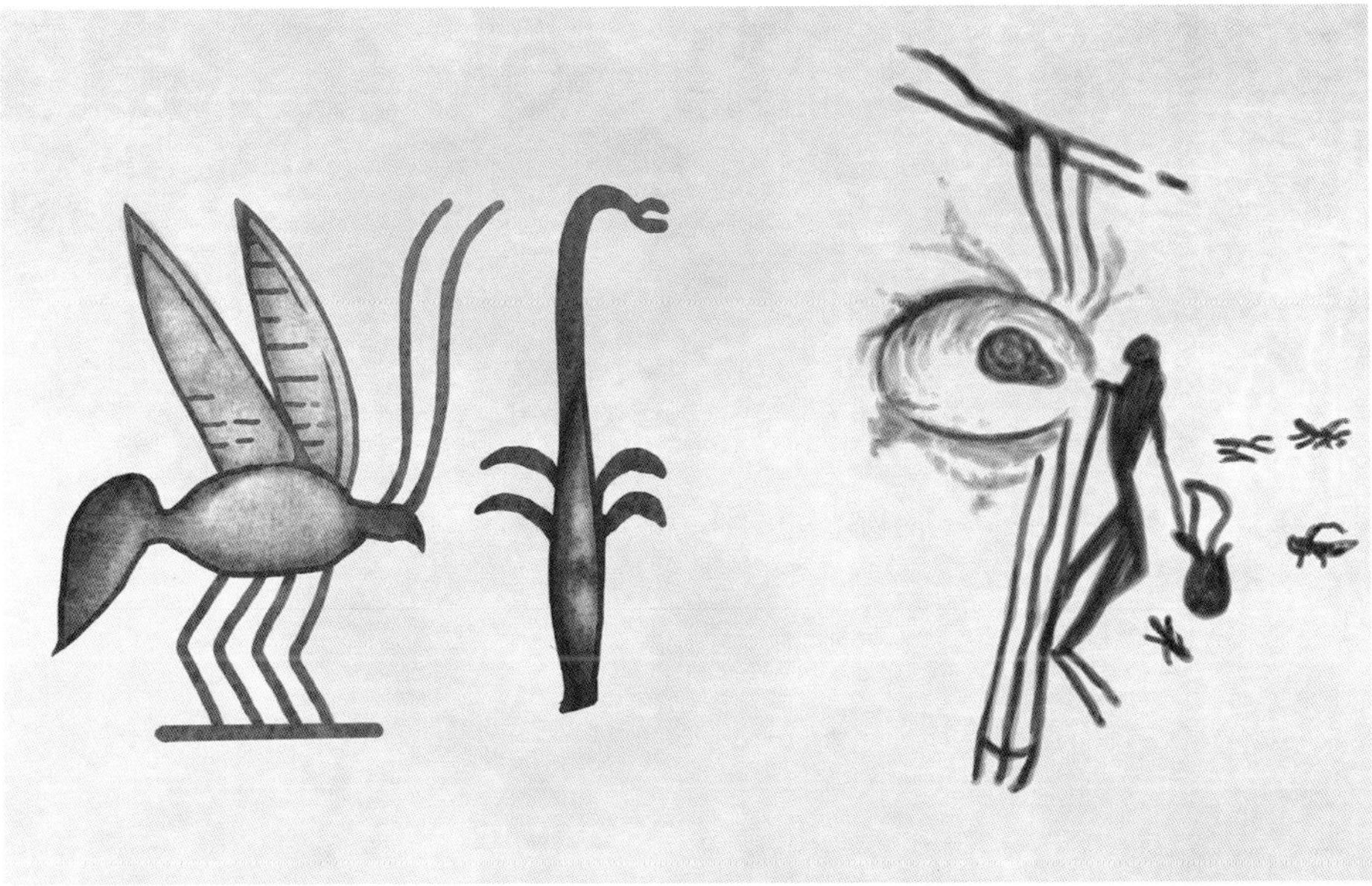

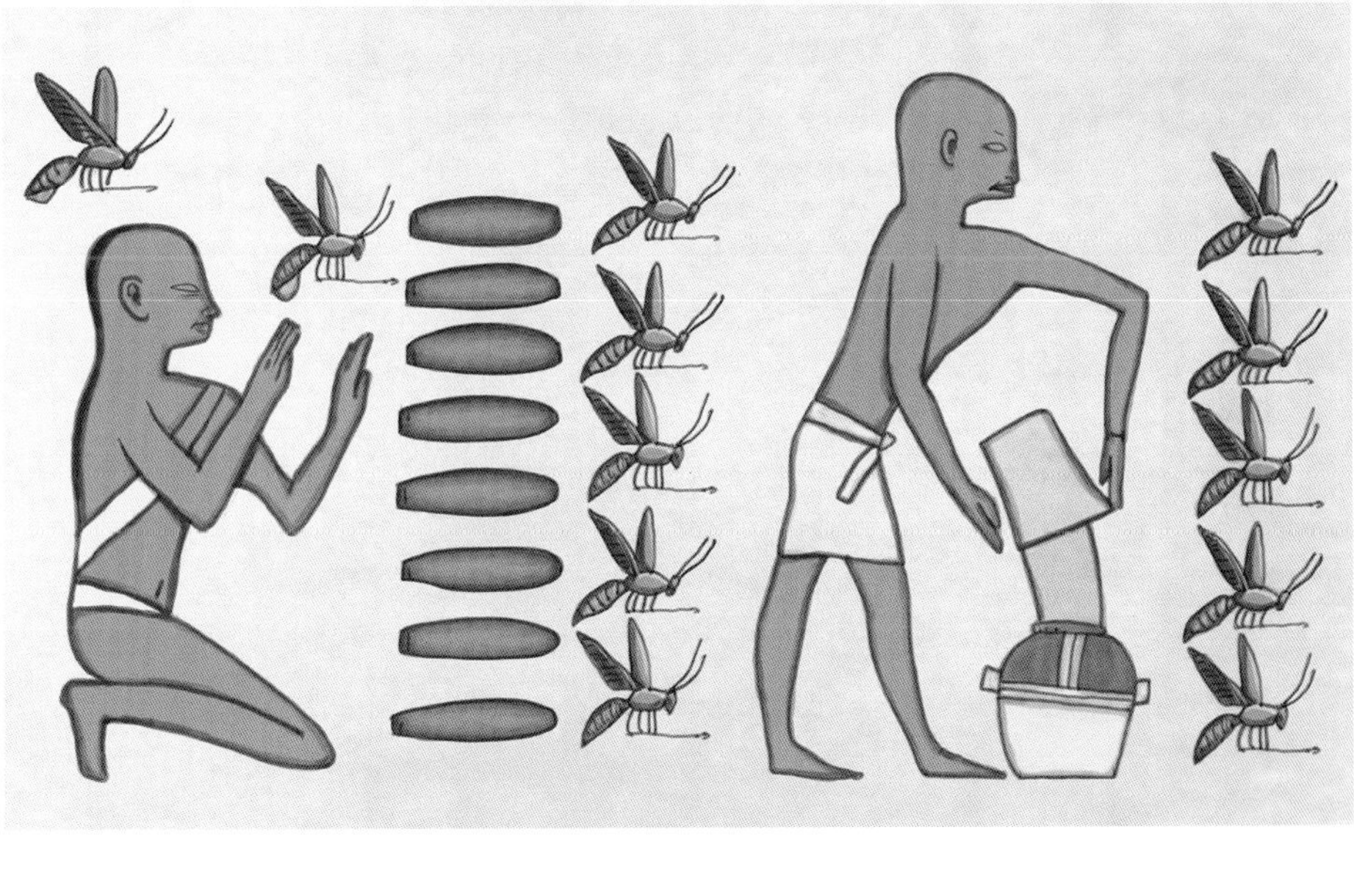

COLUMN 2

世界の野菜や果物はハチなどの昆虫の力を借りて作られている

　私たちの食を支える野菜や果物の栽培は、多くの農家さんの苦労の結晶です。畑や果樹園には、葉や果実を食べるガの幼虫や、作物から養分を吸収して弱らせてしまうアブラムシなど、農生産物に害をなす昆虫、いわゆる「害虫」が数多く発生します。農業現場ではひと昔前まで、化学合成物質を有効成分とする、いわゆる「化学農薬」を処理することで、害虫はもちろん菌や雑草などを駆除してきました。農地では収穫を目的とした作物以外のほとんどの生命が、作物を害する存在として見られてきたのです。しかし畑や果樹園に存在する昆虫の中には、害虫を餌とする我々人間にとっての「益虫（または有用昆虫）」もいるということがわかってきました。また雑草の中にはこれらの有用昆虫の住処になる植物もあること、菌や細菌の中には作物の生育に重要な役割を果たすものが多く存在することがわかりつつあります。近年の農業では、露地で栽培される水田、畑、果樹園だけでなく、ガラス温室やビニールハウスのような施設の中で栽培する環境においても、これらの有用な生物の力を借りて作物の病気や害虫を駆除する方法が用いられるようになってきています。つまり、昆虫や菌が、農家さんによる農作物の栽培に一役も二役も買っているというわけです。

　日本国内の事例をご紹介すると、昆虫の体を栄養分として増殖する線虫やカビが、農薬として販売されています。日本では、病気や害虫に効果があると謳って販売する場合、化学農薬と同じように、その効果はもちろん人畜、環境などへの影響もしっかりと調べた上で、「農薬取締法」という法律に基づく認可を得る必要があります。そのため、先ほどの線虫や菌のような微生物だけでなく、アブラムシを食べることで知られているテントウムシのような昆虫も、農薬として登録され、販売されています。このように作物を栽培する上で有益な働きをしてくれる生物を増殖し、農家さん向けに製品として販売されているものを「生物農薬」または「生物資材」と言います。これは、これまで主流だった化学農薬と区別するための呼び方です。

ハダニやアザミウマと呼ばれる微小な害虫を食べる肉食性のカブリダニやカメムシの仲間が、イチゴ、ピーマン、ナス、キュウリ、メロン、ナシ、ミカン、マンゴーなどなど…多種多様な作物の畑で、日夜農家さんの心強い味方として当たり前のように利用されています。そして第3章の中で多々ご紹介したように、この本の主役、ハチの一種である寄生バチ類も害虫駆除の一役を担っています。また害虫防除だけでなく、ハナバチの仲間は実や種子を成らせるための受粉にも活躍しています。ハナバチが果実や果菜※を成らせることなどによる経済効果が1.7兆円と試算されていたり、農作物の4分の3がハナバチなどの送粉昆虫に依存しているといった報告が、国際協力機関や研究者などから近年数多くなされています。このような経済的な価値やその重要性についての議論が行われるようになった背景には、温暖化による気候変動や、継続的に行われている環境破壊などによって多くのハナバチが絶滅、あるいは減少していることがわかったためです。もちろん、減少しているのはハナバチだけではありません。本来であれば、周辺の環境から知らず知らずのうちに畑や水田に飛来して害虫を駆除してくれていたはずの、有用な昆虫も減少しています。これらの実態が浮き彫りになってきた昨今では、対象となる害虫だけに効果のある化学農薬を作るようになったり、これまで利用されてきた化学農薬についてもあらためて評価を行い、使用する時期や場所が自然界にいる有用昆虫に影響が及ばないようにするといった使用方法の改定を行うなどの検討が進められています。また、さらなる動きとして、散布する化学農薬を特定の害虫以外には影響の少ないものに変えたり、作物以外の植物を植えて生活の場を提供したりすることによって、周辺に生息している有用昆虫たちを畑に呼び寄せ、活躍してもらうための研究や活動が行われるようになってきています。

※トマト、ナス、イチゴなど実の部分を収穫して食べる野菜のこと

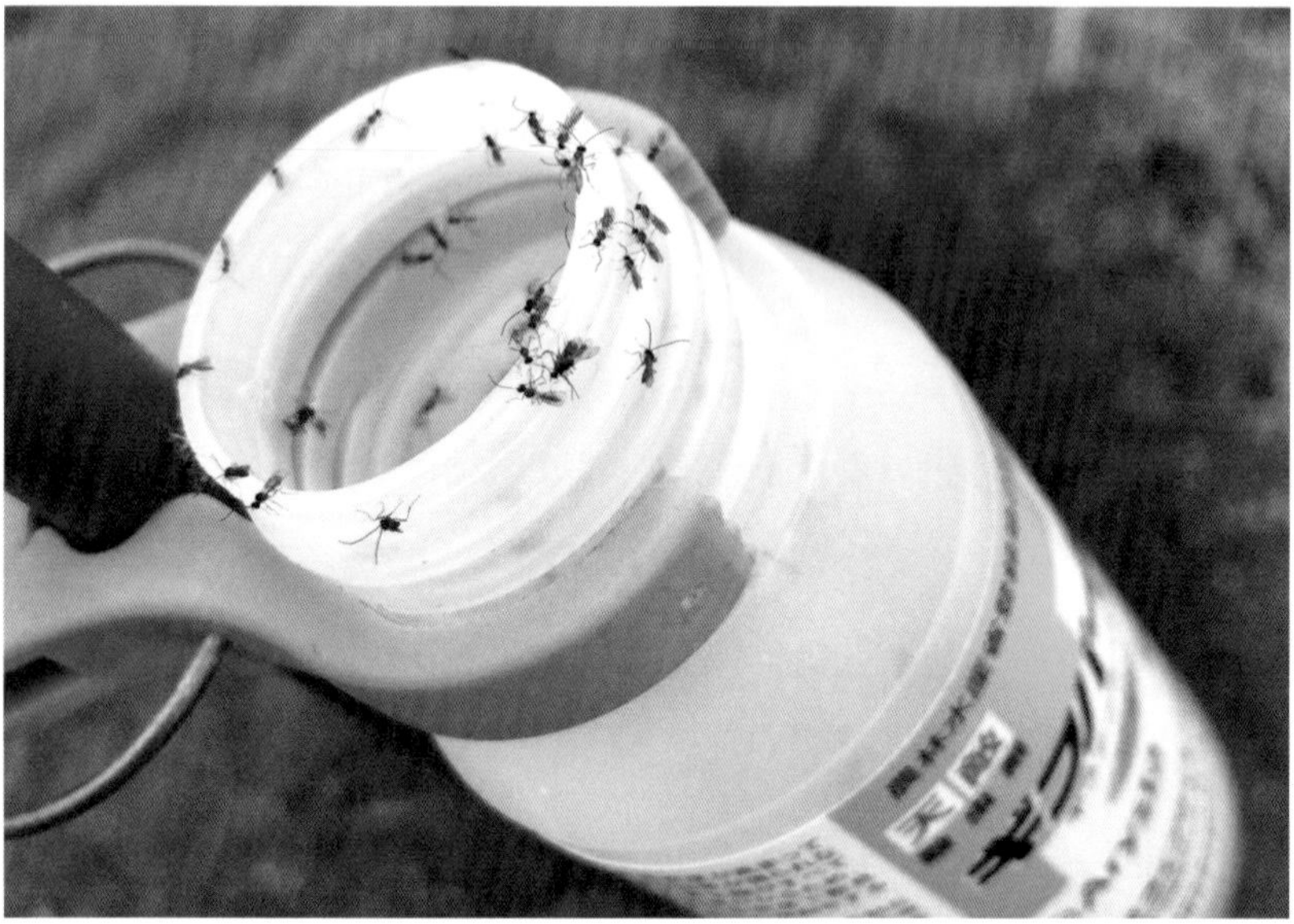

▲生物農薬として販売されているアブラムシの寄生バチの一種ギフアブラバチ

▲ミニトマトのハウスで活躍するクロマルハナバチ。ミニトマトがたわわに実っている

第4章

知れば知るほど奥深い！ミツバチの世界

年寄りをいたわらない？仕事分担の不思議 ミツバチ

ハナバチ
ミツバチ科
ミツバチ属

ミツバチの働きバチは、成虫として羽化したあとの日数によって群れの中での役割が変わっていきます。これを「加齢分業」と言います。私たちが普段目にする、花から花を飛び回っている働きバチは「外勤バチ」と呼ばれ、実は老齢のハチたちです。働きバチの寿命は成虫として羽化してから約1ヶ月ですが、そのうちの最後の1週間は、巣の外に出て花の蜜や花粉を集めることが外勤バチとしての働きバチの役割です。成虫である働きバチの仕事は、大きく4つのステージに分けられます。ファーストステージ、つまり羽化したての初々しい働きバチは、まるで研修期間のように、巣の掃除という役割を数日間担います。その後、巣の中心部に移動して、女王バチのお世話や、幼虫への給餌、幼虫が育つ巣室を綺麗に管理するなど、育児に関わるセカンドステージに移行します。これらのステージを経ると、今度は巣全体の維持に関わるサードステージへと仕事の内容が変化します。例えば、巣の換気、仲間の働きバチの毛づくろい、巣そのものの建設などに関わります。また、外に行くための準備なのか、巣に運び込まれる花粉の受け取りや、蜜の貯蔵などの仕事もするようになります。これら3つのステージを合計20日間ほど巣の中でこなしたあと、働きバチは残りの10日間ほどの命を、第4のステージである巣の外に出て餌を集める労働に費やすことになります。「やっと自由にその翅を使って、大空に飛び回ることができて、よいじゃない！」と思われる方もいるかもしれませんが、巣の外には危険がいっぱいです。ミツバチを食べる鳥やスズメバチなどの天敵に出くわすかもしれません。カマキリに狙われたり、クモの巣に引っかかってしまうことだってあるでしょう。天候の急変で、巣に

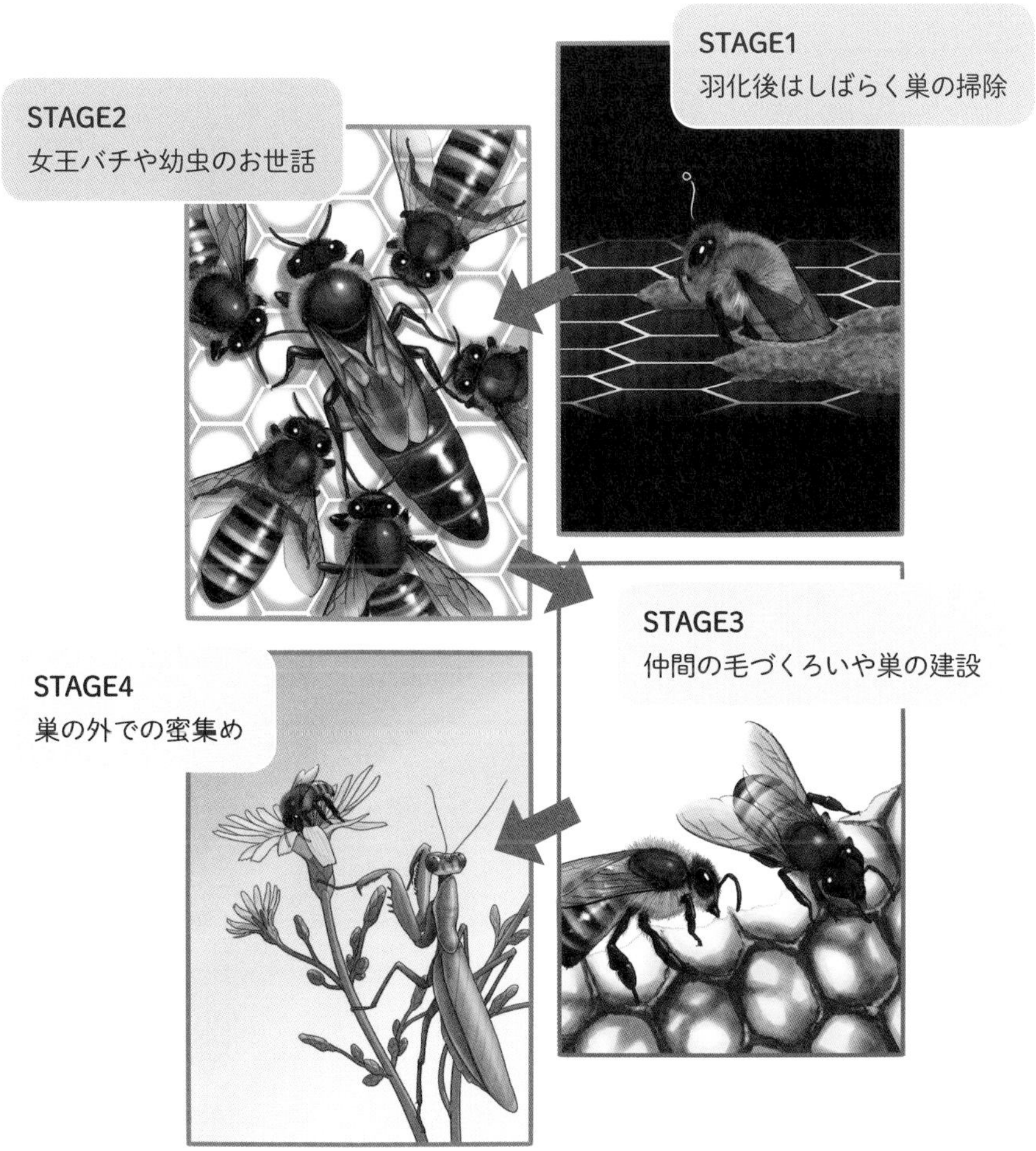
STAGE1
羽化後はしばらく巣の掃除
STAGE2
女王バチや幼虫のお世話
STAGE3
仲間の毛づくろいや巣の建設
STAGE4
巣の外での蜜集め

帰れなくなることがあるかもしれません。では、なぜ生命を危険にさらすような過酷なことを、これまでたくさん働いてきた老齢の働きバチにさせるのか？ それこそが、ミツバチの生存戦略です。つまり、まだまだ若くて巣のために働く時間が多く残されている働きバチよりも、まもなく寿命を迎える老齢の働きバチが外で働くことによって、1匹1匹の働きバチが、巣の労働に貢献できる時間を少しでも長く確保できるというしくみです。一見、年寄りをいたわらないひどい社会に見えますが、それは人間の理屈です。長い年月をかけて高度に社会構造を進化させ、3500万年も前から生き残ってきた、ミツバチの巧みな生存戦略なのです。

究極のヒモ生活？ミツバチのオス

働きバチから口移しでハチミツをもらうミツバチのオス

ハナバチ

ミツバチ科

ミツバチ属

ミツバチの働きバチはすべてメスである、ということをご存知の読者も多いのではないかと思います。それでは、ミツバチのオスは？　ミツバチのオスは、メスの働きバチとは似ても似つかない、ハエやアブのような容姿をしています。そんなミツバチは見たことない、という人もいるかもしれませんが、それもそのはず。ミツバチのオスは、働きバチのように花を訪れることはありません。ミツバチのオスは、春の一時期だけ羽化してきます。そして、空中にある交尾場所に集まっては交尾に挑み、失敗すると巣に帰るという日々を

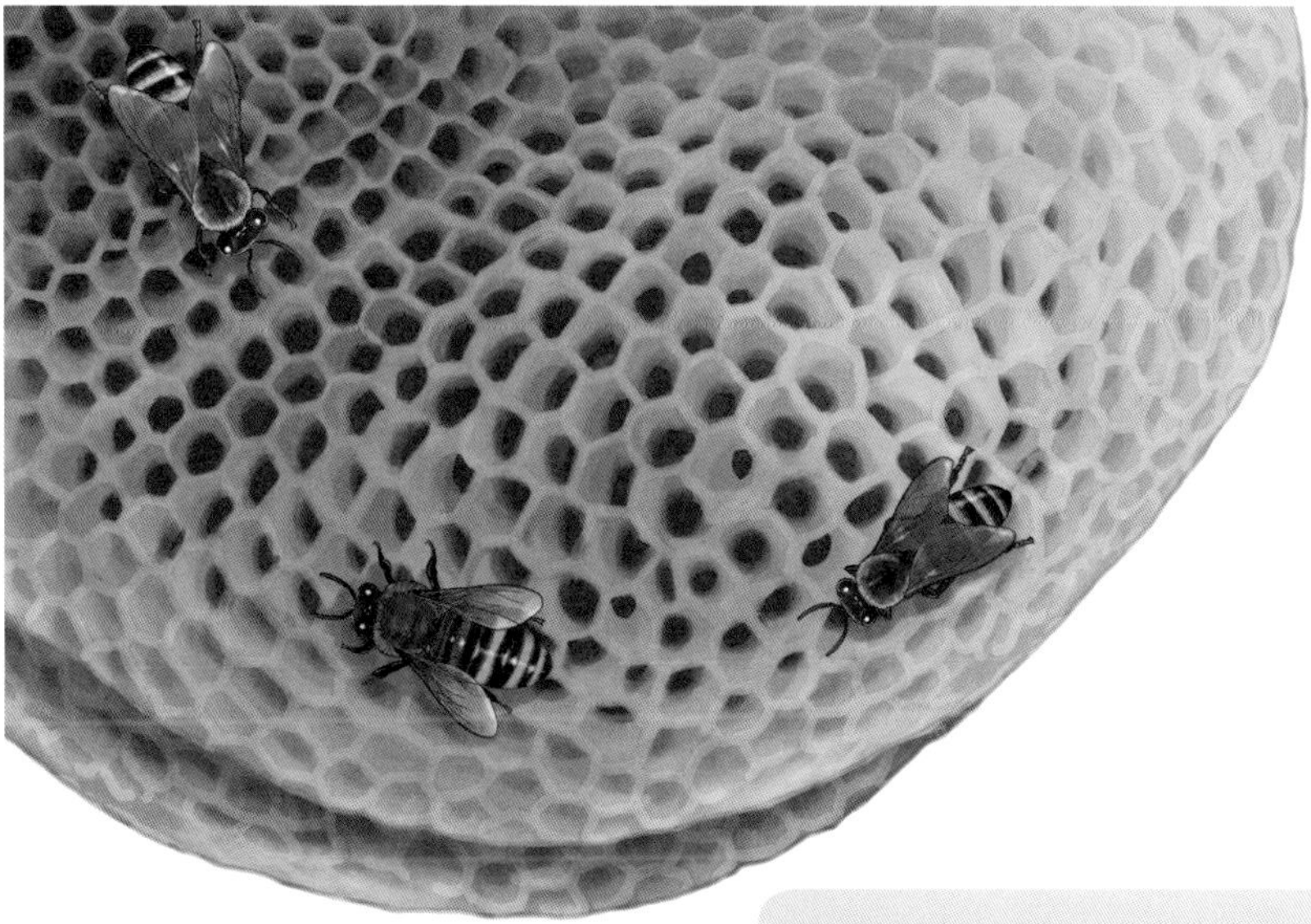

交尾の期間が終わると巣から追い出されるミツバチのオス

送っています。口が退化していて花から自分で蜜を飲むこともできないので、生きている間は、巣の中で働きバチに口移しでハチミツをもらって生活しています。ですから、私たちが花の上でミツバチのオスを見かけることはありません。巣と交尾場所の往復生活を送るミツバチのオスに、私たちが出会わないのは当然なのです。交尾ができずに巣の中でウロウロしている〝役立たず〟のオスたちは、春の交尾の期間が終わると働きバチから蜜をもらえなくなります。いくらねだっても、働きバチは蜜をくれません。挙句には、巣から追い出されるようになります。ついには、オスバチの餓死した亡骸が巣の前に黒山のように…。ミツバチのオスたちの悲しい性。究極のヒモ生活が終わりを告げた証です。

それでも交尾は命がけ ミツバチのオス

ハナバチ
ミツバチ科
ミツバチ属

ミツバチのオスは、交尾をするためだけに生まれてきます。ミツバチは、ＤＣＡ（ドローン・コングリゲーション・エリア）と呼ばれる、空中の決まった空間で交尾をします。近隣にあるミツバチの巣からたくさんのオスバチが集まって、新しく生まれた女王バチがＤＣＡに来てくれるのを待ちます。ミツバチの女王バチは、生涯に何千、何万という働きバチを産むために、たくさんのオスバチと交尾をします。これを多回交尾と言います。その回数は、おおよそ14～20回程度と言われています。ただし、同じオスと何回も交尾をす

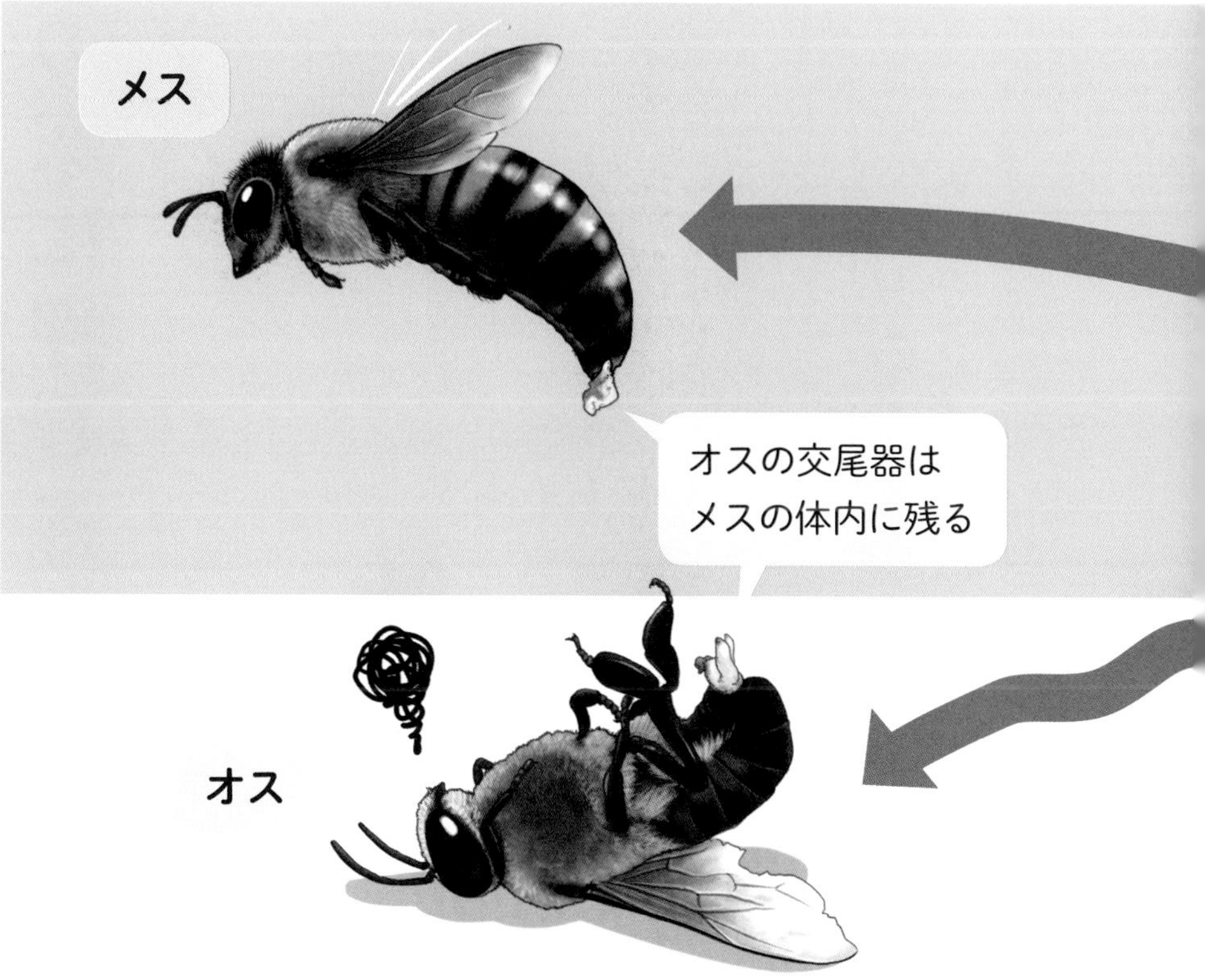

るのではなく、すべて別々のオスと交尾をします。そして、オスバチの方は1回しか交尾しません。というよりも〝できない〟と言うべきです。なぜなら、ミツバチのオスは女王バチと交尾をすると、交尾器のあるおなかの末端を残して、自切してしまうからです。トカゲの尻尾が切れるようなイメージですが、トカゲの尻尾とちがって、目的は本体を生かすことではありません。むしろ重要なのは、交尾器ごと残してきたお尻の方にあります。女王バチに交尾器をつけたままにすることで、他のオスとの交尾を邪魔する目的があるのではないかと言われています。一方、お尻が切れた本体は地面に墜落して、その短い生涯を閉じます。交尾が命がけとは、同じオスの私としてはなんとも複雑なお話です。

人の家に押し寄せて蜜ドロボー
ミツバチ

ハナバチ
ミツバチ科
ミツバチ属

ミツバチの働きバチと言えば、人間にとって「勤勉」の代名詞、あるいは「働きすぎ」を揶揄する表現に用いられたりもするほど、働き者のイメージがあります。1匹の働きバチが、花から花へ、巣と餌場の間を何度も行き来して、生涯を通じて集められる蜜の量はティースプーン1杯程度と言われています。女王バチと数千、数万匹にも及ぶ同巣の仲間たちを支えるため、甲斐甲斐しく餌を集め、運ぶ姿は勤勉そのものです。しかし、花はいつも同じ場所に、同じ花が咲き続けてくれるわけではありません。また、ミツバチが活動しやすい日が続くわけでもありません。気温が低下し、花も咲かない冬以外にも、日本の本州以南では、梅雨、盛夏、台風など、働きバチの外勤活動を妨げる気候条件がミツバチを苦しめます。ここで、「盛夏」に疑問を持たれた方もいるのではないでしょうか？　実は、本州以南の特に低地の夏は、生態学者が「緑の砂漠」と表現するほど花が少ない時期にあたります。そんな時期には、あの勤勉だったミツバチの中に、ある騒動が勃発します。花から餌を集めることがままならない。しかし、仲間を飢えさせて巣の存続を危機にさらすわけにもいかない…どこに行けば餌が、蜜が手に入るのか…。あ、お隣さんには大量の蜜が貯め込まれている！と選んだ先は、人様の巣。「盗蜂《とうほう》」と呼ばれる、養蜂家さんを悩ませる行動の1つです。ミツバチが行う盗蜂行動は、単独の働きバチによる犯行ではありません。やると決めたら大量の働きバチがなだれ込んで、人様の巣から蜜を盗んでいきます。当然、盗蜂された側の巣は、餌である蜜が枯渇し、全滅してしまうこともあります。背に腹は代えられないとなると、温厚なミツバチでも行動が大胆にならざるを得ないようです。

必殺技は「熱殺蜂球」。スズメバチを布団蒸し　ニホンミツバチ

ハナバチ
ミツバチ科
ミツバチ属

私たちが普段から口にしているハチミツは、その花の種類を問わず、多くはヨーロッパから中東、アフリカを原産地とするセイヨウミツバチが集めてきたものです。セイヨウミツバチは、古くから人の手によって飼育されてきました。世界中の養蜂家さんが飼育しているミツバチは、そのほとんどがセイヨウミツバチです。それは日本でも同様ですが、セイヨウミツバチは日本では外来種ということになります。外来種であるセイヨウミツバチを全国各地で養蜂家さんが飼養すると、日本の生態系に悪い影響を及ぼしてしまいそうです。しかし、セイヨウミツバチは、小笠原諸島などの一部の地域を除いて、日本では人の手を離れて生活することができません。つまり、野生化できないのです。その理由の1つが、集団でミツバチを襲うオオスズメバチの存在です。セイヨウミツバチの故郷であるヨーロッパやアフリカには、これほど大きなスズメバチはいません。そのため、集団で襲いかかってくる世界最大級のハチと戦う術《すべ》を、セイヨウミツバチは知りません。一方、日本にはニホンミツバチ※という在来種がいます。古来よりオオスズメバチと同じ場所で暮らしてきたニホンミツバチは、生き残るためのスズメバチ撃退法を編み出してきました。それが、「熱殺蜂球」と呼ばれる布団蒸し作戦です。なんと、狩りをするミツバチの巣を物色にきた偵察のオオスズメバチを巣内に誘い込むと、たくさんの働きバチが球状に取り囲み、みんなで熱を発して虫殺す、もとい、蒸し殺すのです。この「熱殺蜂球」の内部の温度は46度以上に達します。ニホンミツバチが耐えられる温度は48度。対するオオスズメバチは45度。この3度の差を利用してギリギリまで発熱し、オオスズメバチを撃退します。

※東アジアに広く分布するトウヨウミツバチの日本亜種

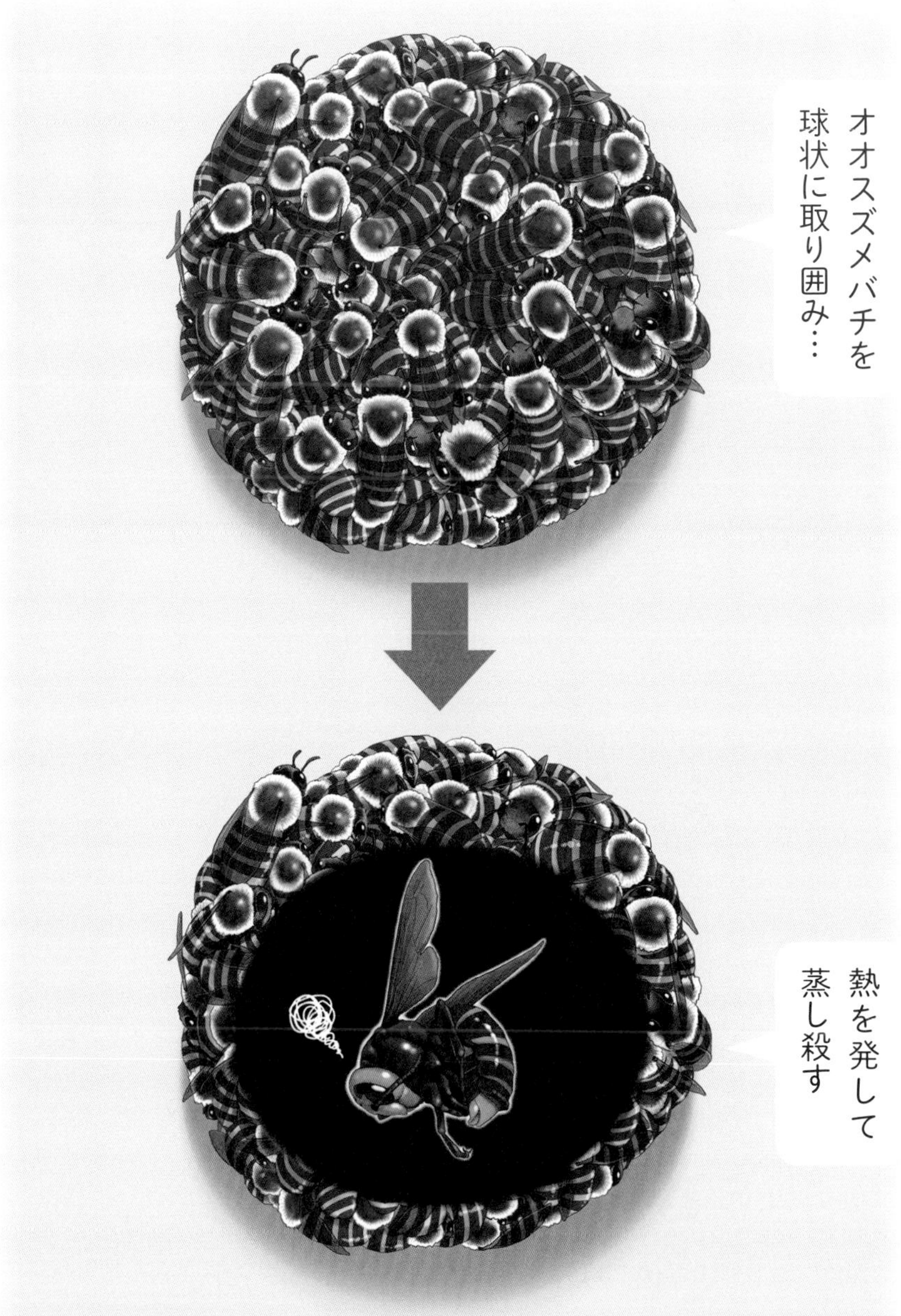
オオスズメバチを
球状に取り囲み…
熱を発して
蒸し殺す

誰が教えた？冷却システム
ミツバチ

社会性を高度に進化させてきたミツバチの巣は、非常に高い恒常性によって維持されています。恒常性とは、外的な環境の変化と関係なく、生物が自分たちの身体や環境を一定の状態に保ち続けようとする能力のことです。私たち人間の体温が36℃前後の温度で一定に維持されているのも、恒常性の1つです。ミツバチの巣の中も、平均で34・5℃、1日の中でも1℃の変化があるかないかという状態で保たれています。たくさんの幼虫を効率よく育てるためには、一定の温度を維持することが重要です。子供を温める行動はマルハナバチにも見られますが（172ページ）、さらにミツバチが凄いのは、巣を冷やす時の能力です。外気温が30℃を超え、巣の中が37℃以上の状態が長く続くと、幼虫は成長できなくなります。そして40℃を超えると、巣が融解し始めます。それを防ぐため、働きバチが同じ方向を向き、翅をはばたかせて風を起こす「扇風行動」を行います。この扇風行動には、巣の中の二酸化炭素濃度を下げる役割もあります。また、面白いのはセイヨウミツバチとニホンミツバチでは、風を送る向きがちがうという点です。セイヨウミツバチは頭を巣の入り口に向けて、巣の中の空気を外にかき出すように、ニホンミツバチの方は、お尻を巣の入り口に向けて、巣の中に空気を送り込むように扇風します。そして扇風だけで巣の温度が下がらない場合、ミツバチはさらに驚くべき行動に出ます。水たまりや田んぼなどから水を吸って持ち帰り、巣に水滴をつけて扇ぎます。そう、気化熱を利用するのです。それにしてもなぜミツバチは、液体が気体になる時に周囲から熱を吸収するという化学の知識を持っているのでしょう？ 誰かが教えたとしか思えません。本当にびっくりです。

ハナバチ
ミツバチ科
ミツバチ属

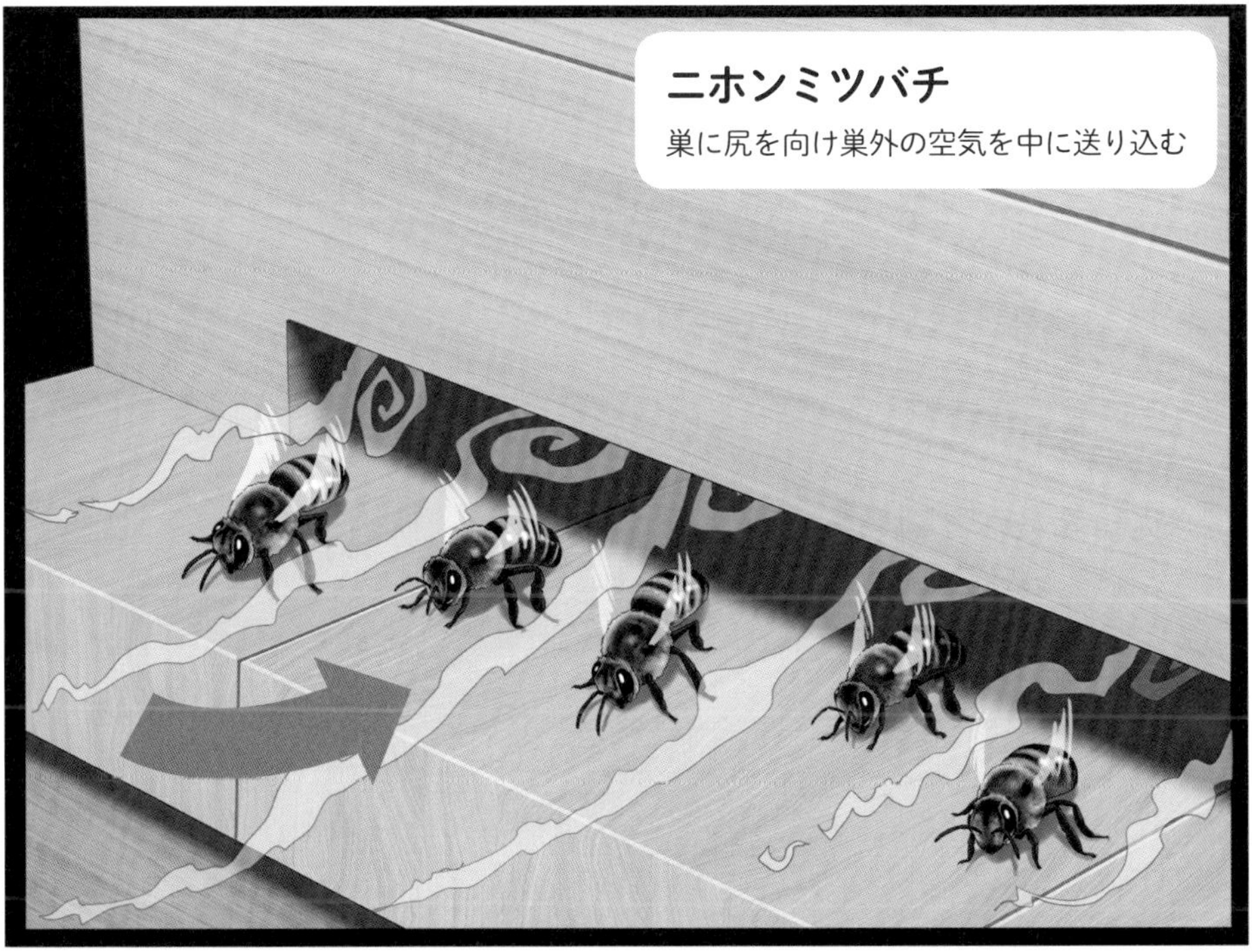
ニホンミツバチ
巣に尻を向け巣外の空気を中に送り込む

セイヨウミツバチ
巣に頭を向け巣内の空気を巣外に排出する

どうしてそんなことをするの？
レタスを齧るニホンミツバチ

古来より人との関わりが深く、世界中で多くの研究がなされているハチの代表と言えば、ミツバチです。しかし、いろいろなことがわかっていそうなミツバチにも、なぜそんなことをするのか理解できない、説明のつかない摩訶不思議な行動がまだまだあるのです。その1つが、「レタスを齧《かじ》る」ミツバチです。ミツバチと言えば、花から花へと活発に行きかい、蜜や花粉を集めて生活するハナバチであることは、本書を読み進められた皆さんであれば十分にご承知だと思います。ですから、花が咲く前に収穫されてしまうレタス、特に葉の部分には、本来であれば用事はないはずです。ところが、日本の在来種であるニホンミツバチには、「レタスの葉を齧る」行動が観察されているそうなのです。本来、レタスは地中海沿岸から西アジア原産の野菜ですから、ニホンミツバチが古来からレタスを齧っていたわけではなさそうです。ニホンミツバチが齧るのは中心の柔らかそうな葉の部分なので、齧られたレタスは生産物として販売することができません。そうなると、ニホンミツバチももはや害虫レベルということになります！　本来、花を生活の糧にしているニホンミツバチがレタスの葉を齧るのは、レタスの葉に含まれるなんらかの成分を求めているものと推測されています。ミツバチにとってとても大切な理由があることは想像できるのですが、その原因はまだ研究途中のため、はっきりとはわかっていません。ミツバチの求めているなんらかの物質や成分がレタスの葉にあったとして、なぜそれがレタスの葉の中に含まれていることがミツバチにわかるのか？　多くの研究がなされているミツバチでさえも、その興味が尽きることはありません。

ハナバチ
ミツバチ科
ミツバチ属

ムシャムシャ
なぜかレタスを齧る
ニホンミツバチ

一度は浴びたい？ウンチの雨
オオミツバチ

ハナバチ
ミツバチ科
ミツバチ属

この本を読んでいただいている生き物や自然への関心が高い方々であれば、インドやネパールに暮らす現地の人が、野生のミツバチからハチミツを採取する様子をテレビのドキュメンタリー番組などで目にされたことがあるかもしれません。ハニーハンターと呼ばれる人が大木によじ登ったり、切り立った崖の上からロープ1本でぶら下がったりして、大きな野生のミツバチの巣からハチミツを採取する映像です。そう、このハニーハンターの方々が取っている巣こそ、オオミツバチあるいはその亜種であるヒマラヤオオミツバチの巣なのです。世界中で養蜂家さんによって飼養されているセイヨウミツバチや、日本の在来種ニホンミツバチは、攻撃性の低い大人しいハチです。一方、オオミツバチは世界に9種いるミツバチの中でも大型で、少々攻撃的な種になります。過去に一度、オオミツバチに刺されたことがある筆者には、ハニーハンターの皆さんの所業は怖くてしかたがありません。それでも、インドやネパールといった行くには少し不便なところ、かつ大きな木の上や切り立った崖のくぼみなど、簡単には観察できない場所に巣作りをするオオミツバチは、ミツバチを研究する人たちにとっては憧れの存在です。中でも、研究者のお目当ての1つが、オオミツバチのお手洗いです。夕刻になるとたくさんのハチがいっせいに飛び立ち、空からウンチをするのが、まるで雨のようだというのです。筆者の恩師を含め、ハチを研究する人たちの中には一度でよいからこのウンチの雨を浴びたいという人もいるほどです。生息地域の近くでハチに関する学会が開かれる際には、ウンチの雨を浴びるためのツアーがあるとかないとか…。ハチを研究する人は、物好きな人が多いのでしょうか？

オオミツバチの巣
オオミツバチ

ハナバチ

ミツバチ科

ミツバチ属

狂暴化したのは人間のせい キラービー＝セイヨウミツバチ

キラービー（殺人バチ）と呼ばれるハチが、南米〜中米、そしてアメリカ合衆国の南部にいることをご存知でしょうか？　テレビなどでも時々報じられるこのハチの正体は、実はセイヨウミツバチです。攻撃性が高いことからその名がついたキラービーは、別名アフリカ化ミツバチとも言われています。日本も含め、今や全世界の養蜂家のもとで飼養されているセイヨウミツバチは、本来、アフリカから中東、ヨーロッパにかけて分布するミツバチの一種です。もともと、南北アメリカ大陸にセイヨウミツバチは生息していなかったのですが、ヨーロッパの人々が北米、南米に移住する際にセイヨウミツバチも家畜として連れていかれました。分布域の広いセイヨウミツバチには、それぞれの気候、風土に適応した20以上の亜種がいて、生息する地域によってそれぞれに生態的な特徴があります。当初、ヨーロッパの移民とともに南米に渡ったのは、イタリアやスペインを起源とするセイヨウミツバチでした。彼らにとって南米の気候は不向きだったようで、その後、ブラジルの遺伝学者が南米の養蜂業の発展に貢献できるよう、熱帯の気候により適応しやすいと考えられるアフリカ中央〜西部に分布する亜種を持ち込んだと言われています。このアフリカ起源の亜種と、もともと飼育されていたイタリア、スペイン起源の亜種との交雑が進み、アフリカ化ミツバチが誕生したと考えられています。アフリカ起源のミツバチを導入したのはハチミツの収穫を増やすためでしたが、交雑することで繁殖力や攻撃性も高くなってしまいました。このように新しい雑種の中で一部の特性が強くなることを、「雑種強勢」と言います。またアフリカ化ミツバチは、ハチミツだけでなく、プロポリスもたくさん

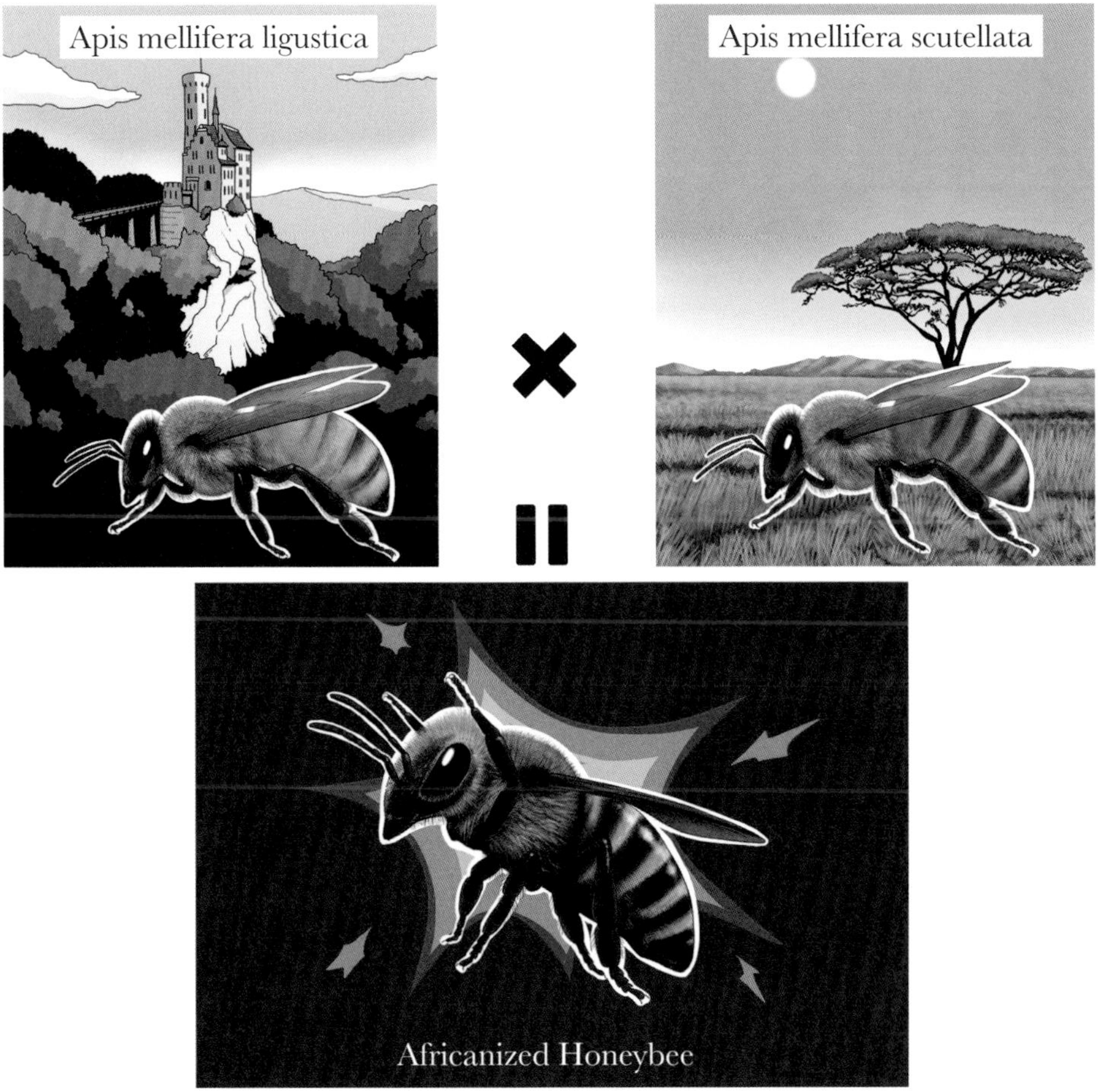

集めることから、健康食ブームに乗って飼育が盛んになったようです。84ページでご紹介した２００９年のミツバチ不足の際には、不足を補うために輸入を制限していた南米からミツバチの女王バチを導入する検討について当時の農林水産大臣がコメントし、業界がちょっとした騒ぎになったことがあります。なぜなら、キラービーは他のセイヨウミツバチ亜種と外見上は何も変わらないことから、遺伝子検査でもしない限りその判別が難しいためです。もし、日本にもキラービーが入ってしまっていたら大変なことになったでしょう。本来なら生まれることのなかった人為的に作り出された種が、逆に人に危害を加えることになってしまった皮肉な例です。

COLUMN 3

身近だけれど意外と知らない ハチミツよもやま話

ハチの本となると期待されるのは、ハチミツ（蜂蜜）の話でしょうか？　本書には、ハチミツに関するエピソードが少なくて申し訳ございません。そこでこのコラムでは、ハチミツに関するよもやま話を少し。「蜂蜜」とは、ミツバチが花から集めてきた花蜜がミツバチの体内でハチミツに転化され、巣の中に蓄えられたものです。ハチミツと言えばミツバチ、ミツバチと言えばハチミツという方程式は、万国共通、揺らぐことはないでしょう。しかし、ミツバチ以外にも巣の中に蜜を蓄えるハチがいます。分類上でもミツバチに近く、社会性のハナバチであるハリナシバチとマルハナバチです。また、アシナガバチに近い社会性のカリバチで、南米に生息するホソアシナガバチの仲間も、蜜を貯める習性があることが知られています。その中でも特にハリナシバチが作り出すハチミツは、ミツバチと同じように人間が利用できるほど大量に蓄えられます。実際に、ハリナシバチが分布する中南米や東南アジアなどでは、ハリナシバチのハチミツがよく利用されています。

ミツバチやハリナシバチを問わず、ハチミツは世界中で利用されています。中には、お酒（蜜酒）にして飲まれることもあり、古代ゲルマン民族では結婚の1ヶ月後にこの蜜酒を飲んでいたことから、ハネムーン（蜜月）の語源になったとも言われています。また薬として利用されることもあり、ブラジルやアフリカなどでは、ハリナシバチのハチミツが薬として利用されていました。近年ではニュージーランドのマヌカという植物からミツバチが集めてきたハチミツ（マヌカハニー）が、その殺菌作用の強さからブームとなり、その高価さも相まって、喉薬など薬用として利用されることも多いようです。また、アメリカの医療機関では創傷治療にマヌカハニーを処方することもあるようです。マヌカハニーに限らずハチミツには殺菌作用があることが知られており、古代エジプトや中国では、ミイラ作りにハチミツが利用されていたそうです。

ここで少し、疑問が浮かばれたでしょうか。ミツバチが集めてくる植物によって、効能などに何かちがいが出るものなのかと。そうなんです。花が分泌する蜜には、各種のアミノ酸や多様なフェノール化合物が含まれています。また、一口に糖分と言っても、ショ糖が多いもの、果糖やブドウ糖などの割合が多いものなど様々です。花の種類によって蜜の糖濃度も異なりますし、わかりやすいところでは、匂いや色も異なります。ひと昔前まではアカシアやレンゲ、あるいは百花と記載されたハチミツばかりだった日本でも、最近はいろいろな花の蜜が販売されるようになりました。百貨店の食品売り場には、パリのハチミツショップさながらの雰囲気の専門店があるところもあります。タリーズコーヒーでは、季節ごとにブルーベリーやコーヒーなど少し変わったハチミツなどが並んでいることもあります。ぜひ、花の種類ごとに少しずつ風味の異なるハチミツも楽しんでみてください。ちなみに、私は少しスパイシーで大人な風味のミカン科のカラスザンショウのハチミツが一番好きです。

しかし、日本では糖の摂取には砂糖を利用することが多く、ハチミツはまだまだ嗜好品的な扱いで消費量が多い国とは言えません。農林水産省の統計資料によれば、日本のハチミツの消費量は年間約5万トン。そのうちのほとんどは、中国からの輸入に頼っているそうです。ハチミツの国内自給率は、わずか6％程度にすぎません。こうした状況から、国内の養蜂業の活性化やハチミツの消費拡大のための普及啓発活動をしている、日本養蜂協会や日本はちみつマイスター協会などの団体があります。また研究者が集まって、一般の方々にハチミツ以外のミツバチ、ハナバチの魅力を身近に感じてもらうための企画「ミツバチサミット」などのイベントも開催されています。本書を通じてハチに興味を持ち、さらに深い知識を得たいという方は、これらの協会ホームページやイベントなどをぜひ覗いてみてください。

▲国内外の多様なハチミツ
© 河村千影（一般社団法人日本はちみつマイスター協会）

▲ミツバチサミットや昆虫観察会など一般の人も参加できるハチに関わるイベントの様子

第5章

面白習性！あなたの知らないハチたちの生きざま

もともとハチなのに…失礼な名前をつけられたハチガタハバチ

ハバチ・キバチ

ハバチ科

ハバチ属

ハチと言えば、日本人の皆さんはミツバチやスズメバチを連想されるのではないでしょうか？　ミツバチは花から得られる蜜や花粉を餌にするハナバチ、スズメバチは幼虫に他の昆虫を与える肉食のカリバチです。そのため、ハチは蜜や花粉、あるいは他の昆虫を餌にしているというのが一般的なイメージかもしれません。しかーし！　実はハチの祖先の幼虫は、チョウやガと同じように葉を食べていたと考えられています。そして、現代でも幼虫時代に葉を食べて成長するハチがいます。それがハバチの仲間です。ハバチの仲間は、ミツバチやスズメバチよりも祖先に近い、原始的なハチです。幼虫が木質を餌とするキバチの仲間も含むこれら原始的なハチは、広腰亜目に分類されます。これは読んで字のごとく、腰がくびれていないハチの仲間の総称で、細く、くびれた腰のハチのイメージとは異なる形状をしています。また、産卵管を利用して産卵するため針はなく、刺すことはありません。攻撃性がないこともあってか、警告色である黄色と黒色を組み合わせたハチをイメージする色合いの種もほとんどいません。このような背景がありやなしや、ハチガタハバチは、本来ハチの一種であるにも関わらず、ハチガタ（蜂型）という失礼な名前をつけられてしまったハバチです。確かに黄色を基調とした、アシナガバチ、特にホソアシナガバチにそっくりな色合いをしているため、針を持った攻撃能力のあるアシナガバチに擬態しているのではないかと考えられます。とはいえ、そもそもハチなのですから蜂型なのは当たり前。ハチではない昆虫がハチに擬態※して「ハチガタ」ならわかりますが、ハチに「ハチガタ」とは、書いているこちらも混乱してくる始末です。日本語って難しいですね。

※動物が身を守ったり、餌をとるために他の動物あるいは植物などの色や形などをマネすること

ムモンホソアシナガバチ

アシナガバチの仲間は腰が細くくびれている

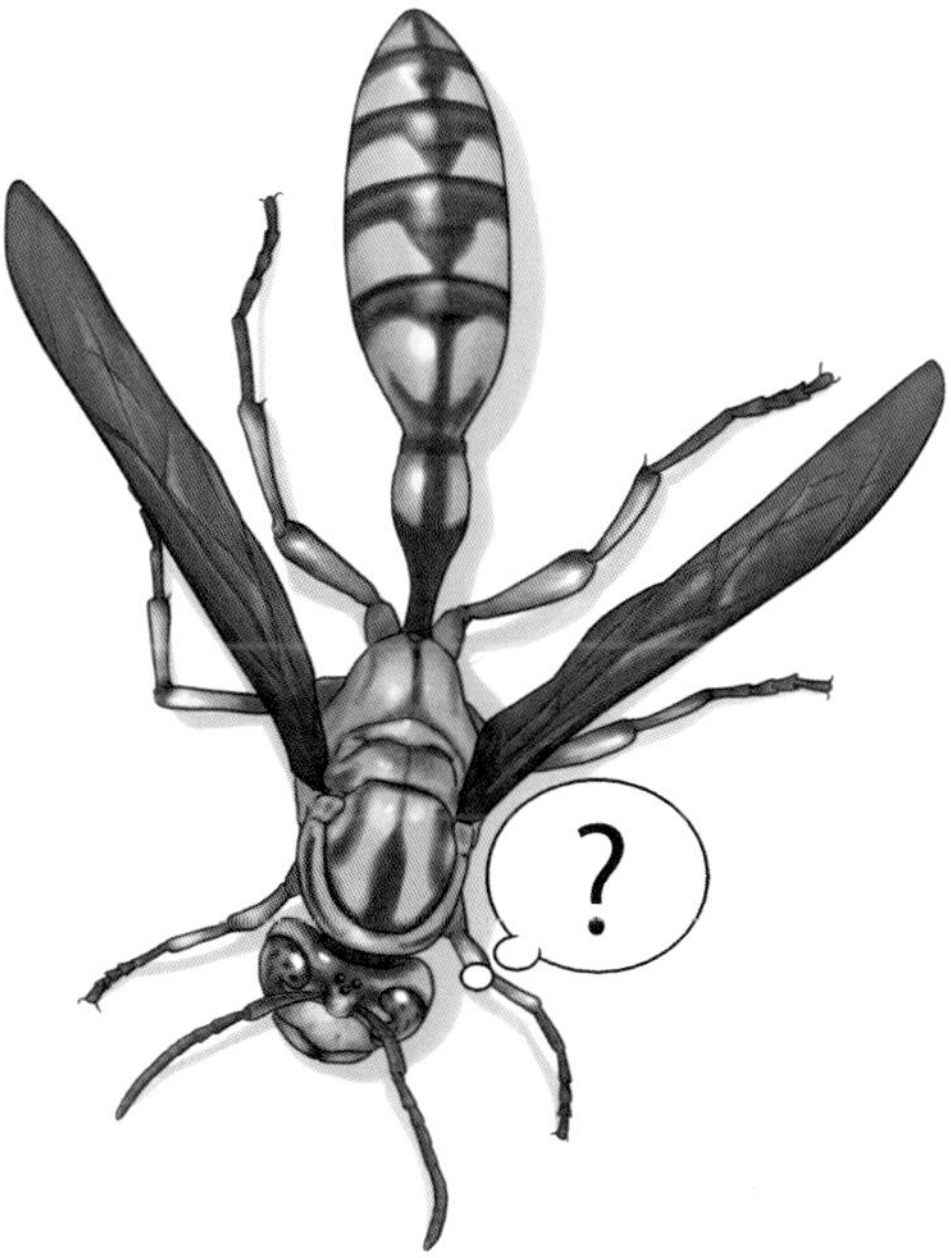

ハバチの仲間は腰がくびれていない

ムモンホソアシナガバチに擬態していると考えられている
ハチガタハバチ

キノコも一緒に育てましょう

キバチ

ハバチ・キバチ
キバチ科
ヒラアシキバチ亜科など

ハチの幼虫の餌と言えば、スズメバチやアシナガバチのように他の昆虫を餌にしたり、ミツバチやマルハナバチのように花粉を餌にしたり、といったイメージが一般的かもしれません。しかし、そもそもハチの祖先の幼虫は、葉っぱや木を餌とする植物食、つまりベジタリアンでした。こうしたハチの祖先の特徴を持つ種に、キバチの仲間がいます。キバチの仲間は、広腰亜目という原始的なハチのグループに属していて、その名の通り、胸とお腹のつけ根、人間で言うところの腰にあたる部分が広い、というか太いという特徴を持っています。一方、前述のカリバチやハナバチなど、ほとんどのハチは細腰亜目に分類されます。そしてキバチの幼虫は、これまたその名の通り、木質、つまり木を餌としていて、餌となる木の幹の中で成長します。キバチの母バチは、木の幹に産卵管を差し込んで、木の中に卵を産みつけます。その時、木を少し弱らせるための毒を注入します。そして同時に、キノコのもとになる菌糸も一緒に注入するのです。キバチの仲間のほとんどの種は、マインカギアと呼ばれる菌糸を持ち歩くための袋を持っていて、産卵する時に卵と一緒に菌糸を木の中に植えつけます。このキノコは、木の中で栄養分を取り込み繁殖する過程で木質を分解し、液状化します。その分解され、液状化した木質をキバチの幼虫が食べるというわけです。キバチの幼虫では消化できない木質を、キノコが食べやすく分解してくれる。自分では長い距離を移動できないキノコは、キバチに運んでもらうことで生活の場を広げることができる。互いに利益のある共生関係にあるわけです。生物の営みとは、生物どうしが本当にうまく関係を築いて成り立っているものなのですね。

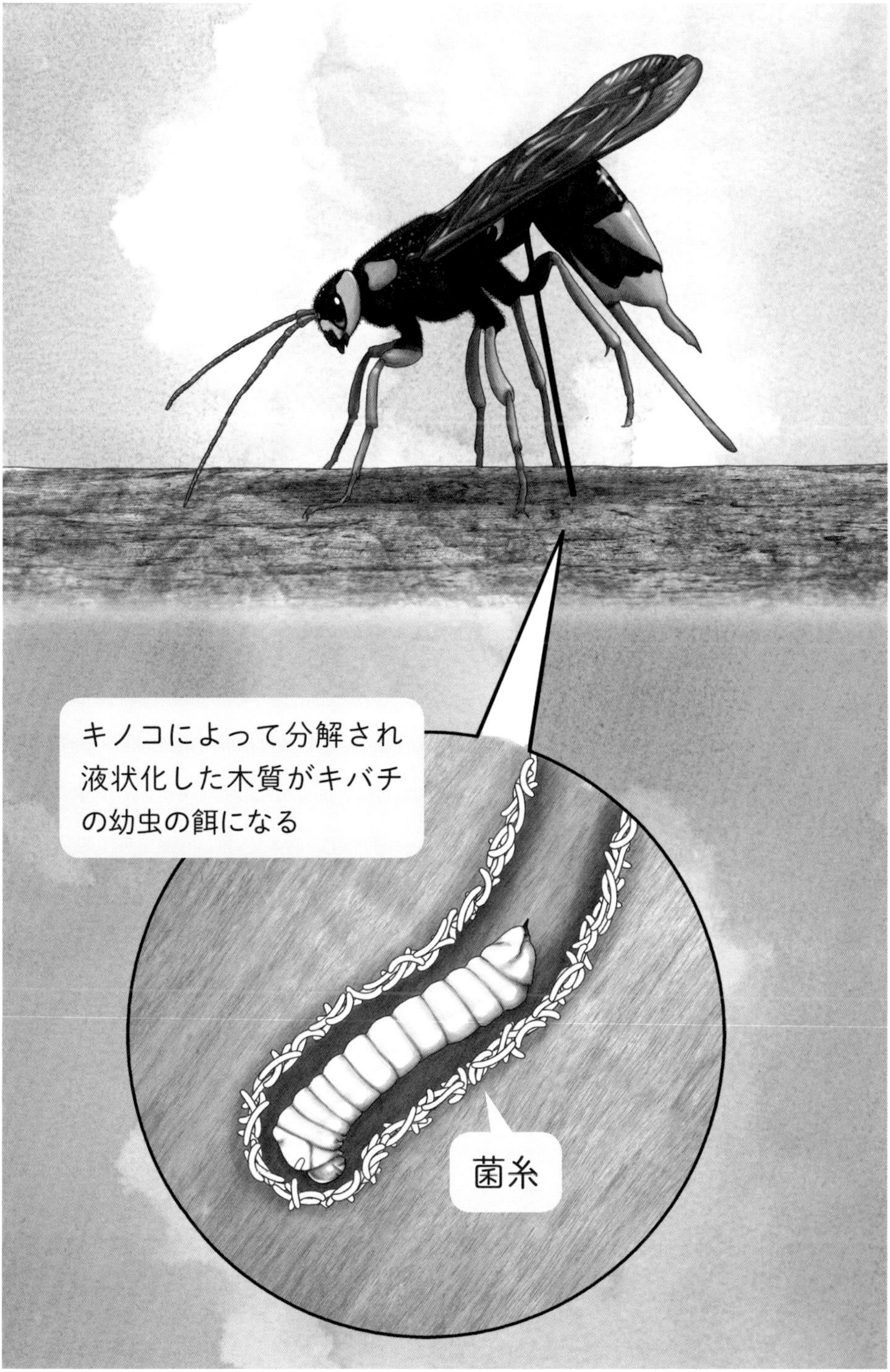
キノコによって分解され液状化した木質がキバチの幼虫の餌になる
菌糸

本当はどっち？ アリバチ

寄生バチ
アリバチ科
ナミアリバチ亜科など

読者の皆さんは、ハチとアリの関係をご存知ですか？ アリは社会性の生活を営むことがよく知られていますから、同じように社会性の生活を営むミツバチやスズメバチなどと、イメージが重なるかもしれません。また、姿、形がよく似ていると思われるかもしれません。それもそのはず。アリは、実はハチ目に分類されるハチの仲間なのです。アリの中でも、働きアリにははじめから翅がありませんが、結婚飛行と呼ばれる交尾行動のため、生まれてきたばかりの女王アリやオスアリには翅があります。交尾を終えると女王アリは翅を捨て、地中生活に入ります。逆に考えると、ハチは「翅の残っているアリ」と言い換えることができるかもしれません。ところが、ハチの中には、アリのように翅を捨ててしまったものもいます。その1つが、アリバチと呼ばれる仲間です。アリバチのオスは翅を持っていますが、メスにははじめから翅がありません。日本にいるアリバチの多くの種が、メスは胸が赤く、同じように胸の赤色が特徴的なアリの一種、ムネアカオオアリとよく似ています。アリバチの多くは、地中に巣を作るアナバチ類やマルハナバチなどハナバチ類の巣に潜り込んで、卵を産みつけます。アリバチの幼虫は、寄生したハチの幼虫や蛹を食べて育ちます。地中に巣を作るハチをターゲットにしているので、空を飛ぶよりも、地面をアリのように歩き回る方が巣を探しやすいのかもしれません。胸の赤いアリを見つけたら、すぐに「アリだ」と思わずに、少し観察してみてください。触覚を細かく早く動かしていたら、それはアリバチかもしれません。ただし、手で捕まえようとすると刺されることもあるので気をつけて。そのあたりは、ちゃんとハチっぽく思えますね。

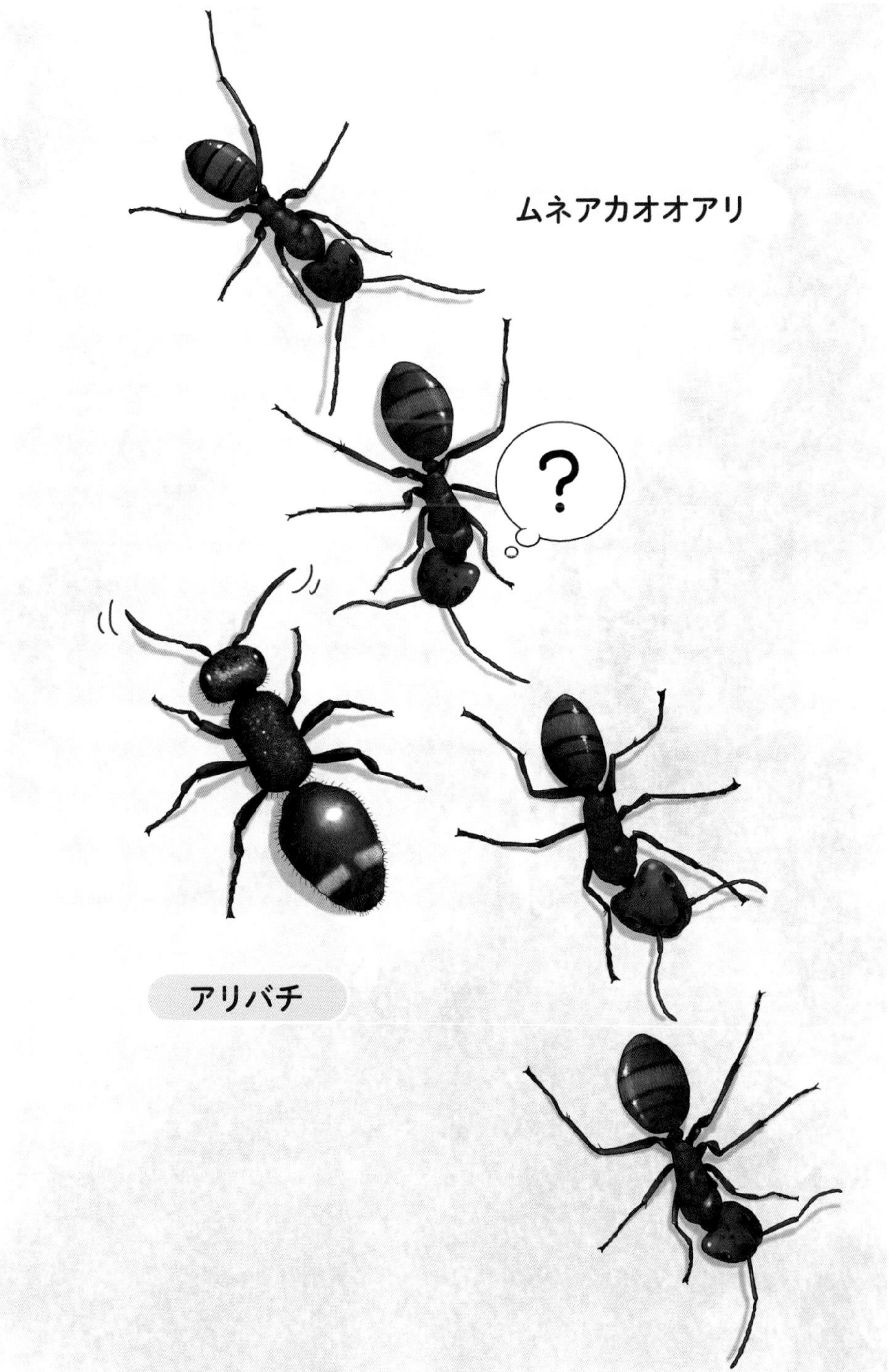
ムネアカオオアリ
?
アリバチ

入り込んでしまえばこちらのもの エイコアブラバチ

寄生バチ

コマユバチ科

アブラバチ亜科

アブラムシは、植物を吸汁して、お尻から甘露《かんろ》を分泌することが知られています。この甘露を好物にしているアリは、甘露を提供してもらう代わりに、アブラムシを外敵から守るガードマンの役割を果たしています。ガードマンであるアリは、アブラムシの外敵が近づくと、その相手を攻撃します。これが、アブラムシが別名「アリマキ（蟻牧）」（アリの家畜）と呼ばれる所以です。ナシマルアブラムシとトビイロケアリなどのケアリ類の間にも、この関係が見られます。地中にあるヨモギの根を好んで吸汁するナシマルアブラムシは、なんと、同じ場所に作られたケアリの巣の中で暮らしているほどの守られようなのです。そして今回の主役であるエイコアブラバチは、そんなケアリに手厚く保護されているナシマルアブラムシを寄生相手に選んでしまった寄生バチです。ケアリに攻撃されないように目を盗み、そ〜っとアブラムシに産卵する…わけではありません。エイコアブラバチは、最初にケアリの体に取りついて、ケアリの匂いを自分の体にまといます。ハチやアリは、体表炭化水素という匂い成分によって種や巣の仲間を認識しています。エイコアブラバチはケアリの匂いを身にまとうことによってケアリの巣の中に潜り込み、堂々とナシマルアブラバチに産卵できるようになるというわけです。図々しいことにエイコアブラバチは、ケアリから口移しで餌をもらえるほど、ケアリの社会に深く潜り込みます。アリはハチ目に分類されるハチの仲間ですが、それを差し引いても、その忍び込みっぷりは見事です。アリの仲間には他の昆虫を餌とするものも多く、ハチにとっても脅威となることが少なくありません。しかし、一度味方にしてしまえば、これほど頼もしいパートナーはいません。※

※集団生活をするアリの中に紛れ込んだり、アリの巣の中で生活することを選んだ虫たちのことを「好蟻性昆虫」と言います

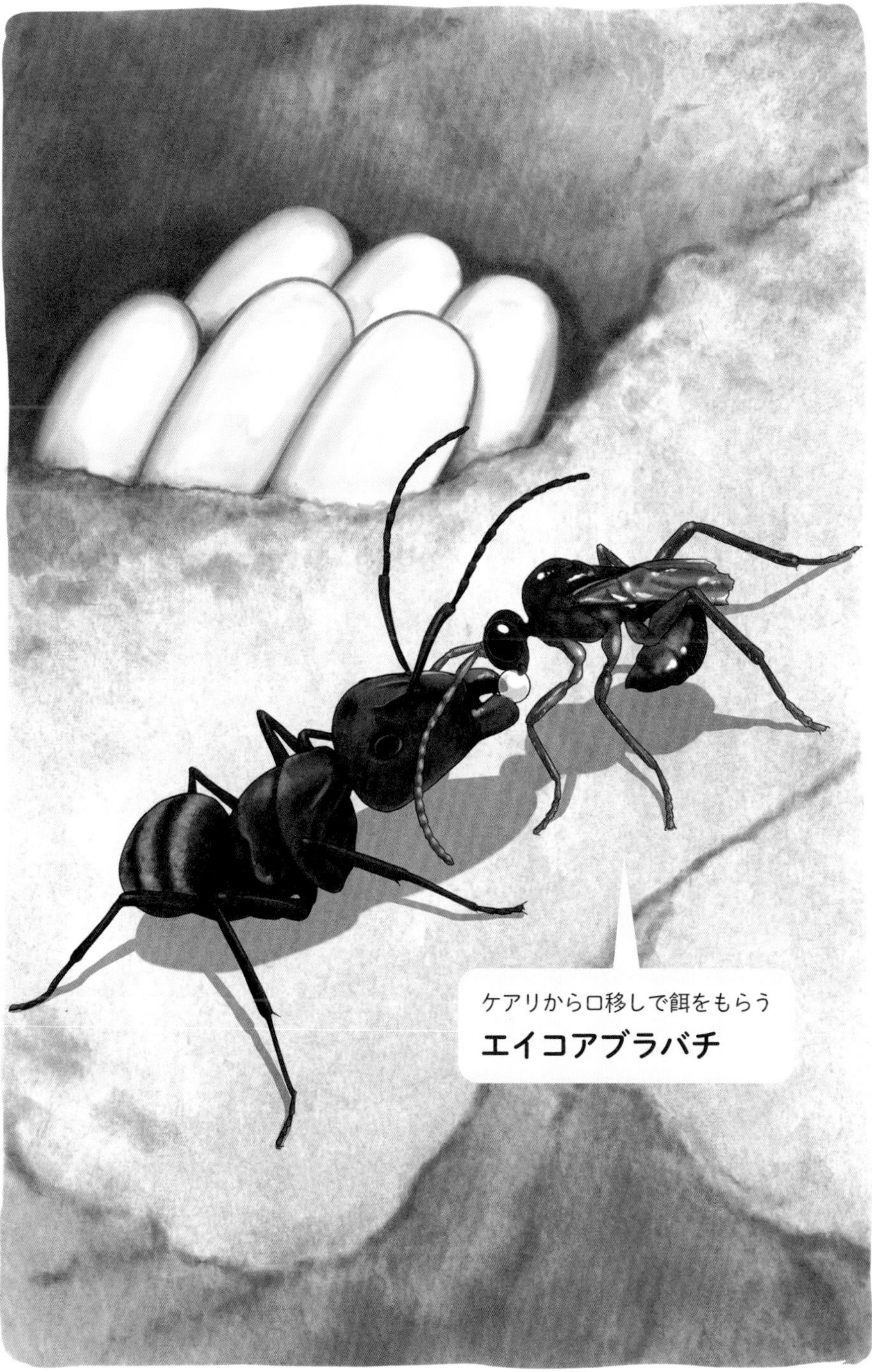

ケアリから口移しで餌をもらう
エイコアブラバチ

兵隊アリならぬ兵隊幼虫？ トビコバチ

寄生バチ

トビコバチ科

コマユバチ科

世界中に15万種以上いると言われているハチの中で、もっとも種類が多いとされるのが寄生バチです。その種数は7万種とも言われています。それだけたくさんの寄生バチが存在していれば、中にはちがう種の寄生バチなのに、寄生する相手の昆虫（寄主）が同じという場合も出てきてしまいます。とはいえ、卵に寄生する種と幼虫に寄生する種といった具合に、相手は同じでも寄生する生育ステージが異なれば、軋轢《あつれき》が生まれることもありません。しかし、異なる2種の寄生バチが、同じ相手、同じ生育ステージを対象としている場合は問題です。その場合は、餌である寄主の体の中で、寄生バチの幼虫どうしの競争が生まれることになります。どちらがこの餌場を自分（たち）のものとして独占し、成長できるのか？ 他人様の体の中で何を勝手なことをと思いますが、寄生バチの幼虫たちにとっては死活問題です。ガの幼虫に寄生するトビコバチとコマユバチは、まさしくそんな関係です。そして、その関係を揺るがす大きな発見が１９８１年、アメリカのカリフォルニア大学から発表されました。なんとトビコバチの幼虫の中には、ライバルのコマユバチの幼虫を攻撃して殺すことを専門とした兵隊幼虫がいることがわかったのです。アリの社会には、巣を守り、攻撃を専門とする兵隊アリの存在が知られていますが、これらは成虫です。子供の時から戦うことを専門に生まれてくる兵隊幼虫とは、ハチの生き残り戦略はなんと多様なことでしょう。実際にトビコバチとコマユバチが同じガの幼虫に寄生すると、トビコバチが羽化して出てくる確率の方が圧倒的に高いそうです。この結果は、トビコバチの兵隊幼虫によるコマユバチの幼虫への攻撃の成果だと考えられています。

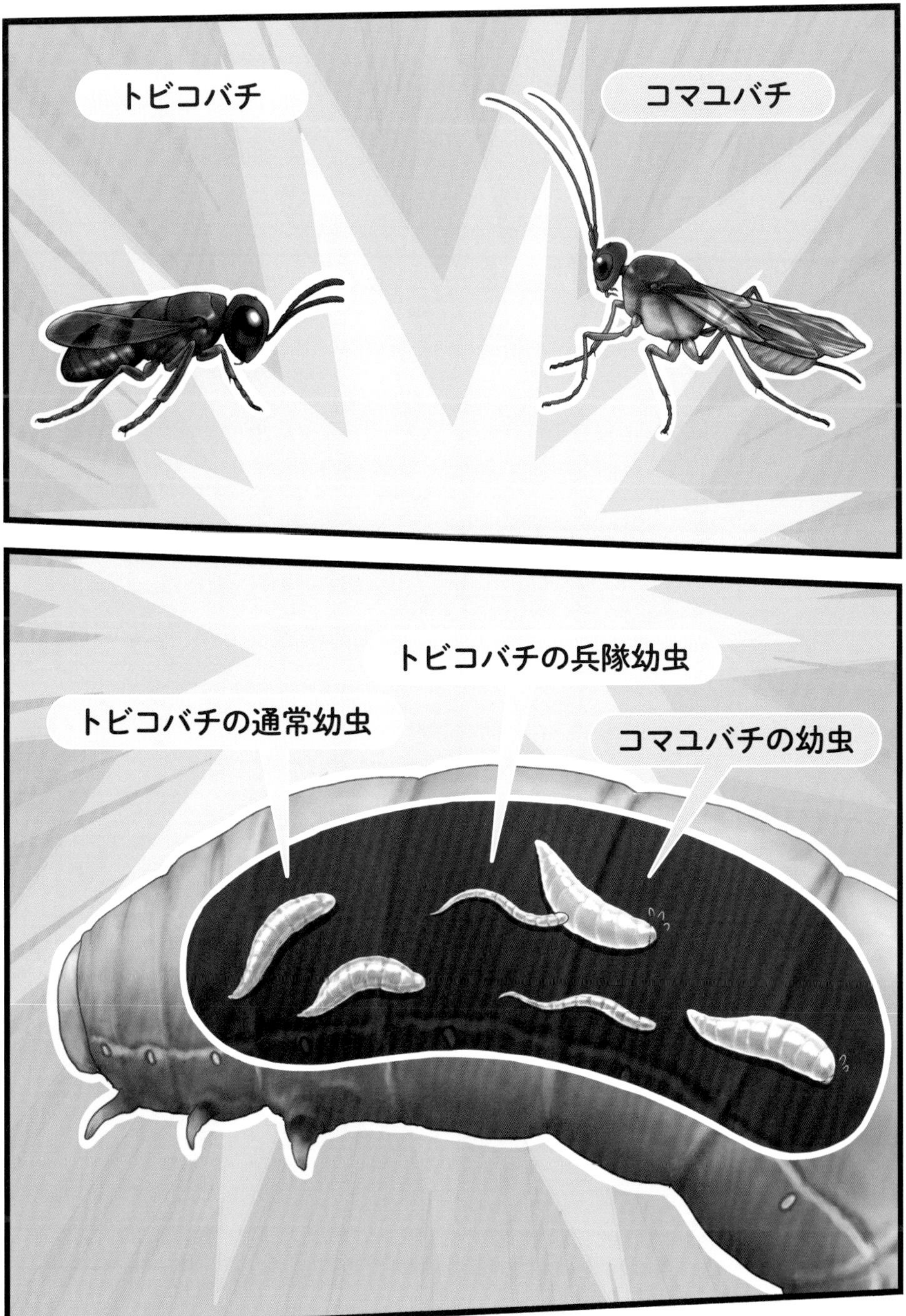
トビコバチ
コマユバチ
トビコバチの兵隊幼虫
トビコバチの通常幼虫
コマユバチの幼虫

世界最小のハチ＝世界最小の昆虫 アザミウマタマゴバチ

寄生バチ

タマゴコバチ科

ホソハネコバチ科

私たち人間と同様、ハチなどの昆虫は多細胞生物です。多くの細胞が集まり、それぞれの役割を果たすための組織を作り、組織が集まって器官を作り、それら器官が体を作って、生命活動をしています。一方で、1つの細胞だけで生命活動を行っている、単細胞生物もいます。理科の実験などで顕微鏡を使って観察したゾウリムシやアメーバは、単細胞生物の代表的な存在です。例えばゾウリムシの体長は、約0.2㎜。顕微鏡を使わなければ観察することができません。そしてなんと、こうしたゾウリムシよりも小さい、0・18㎜という世界最小のハチがいるのです。つまり、1つの細胞よりも小さな多細胞生物ということになります。そして世界最小のハチは、世界最小の昆虫でもあります。これほどまでに小さいのは、このハチの幼虫が育つ場所が、微小昆虫と呼ばれる昆虫の中でもさらに小さな一群の卵の中だからです。このハチの名は、アザミウマタマゴバチ。その名の通り、アザミウマという微小な昆虫の卵に寄生する寄生バチの仲間です。アザミウマという昆虫の仲間は成虫でも1.0㎜に満たない種が多く、その卵となれば、サイズはさらに小さくなります。その卵の中で成長し、成虫として羽化してくるわけですから、その小ささにも納得せざるを得ません。しかし、世の中には上には上がいるものです。世界最小と思われていたアザミウマタマゴバチよりもさらに小さなハチが、1997年に北米で見つかりました。チャタテムシという、やはり微小昆虫の卵に寄生する卵《らん》寄《き》生蜂《せいほう》で、ホソハネコバチの一種です。更新記録は0・139㎜と言いますから、小さなものの例えに使われる1.0㎜のミジンコにすら、押しつぶされてしまいそうな大きさですね。

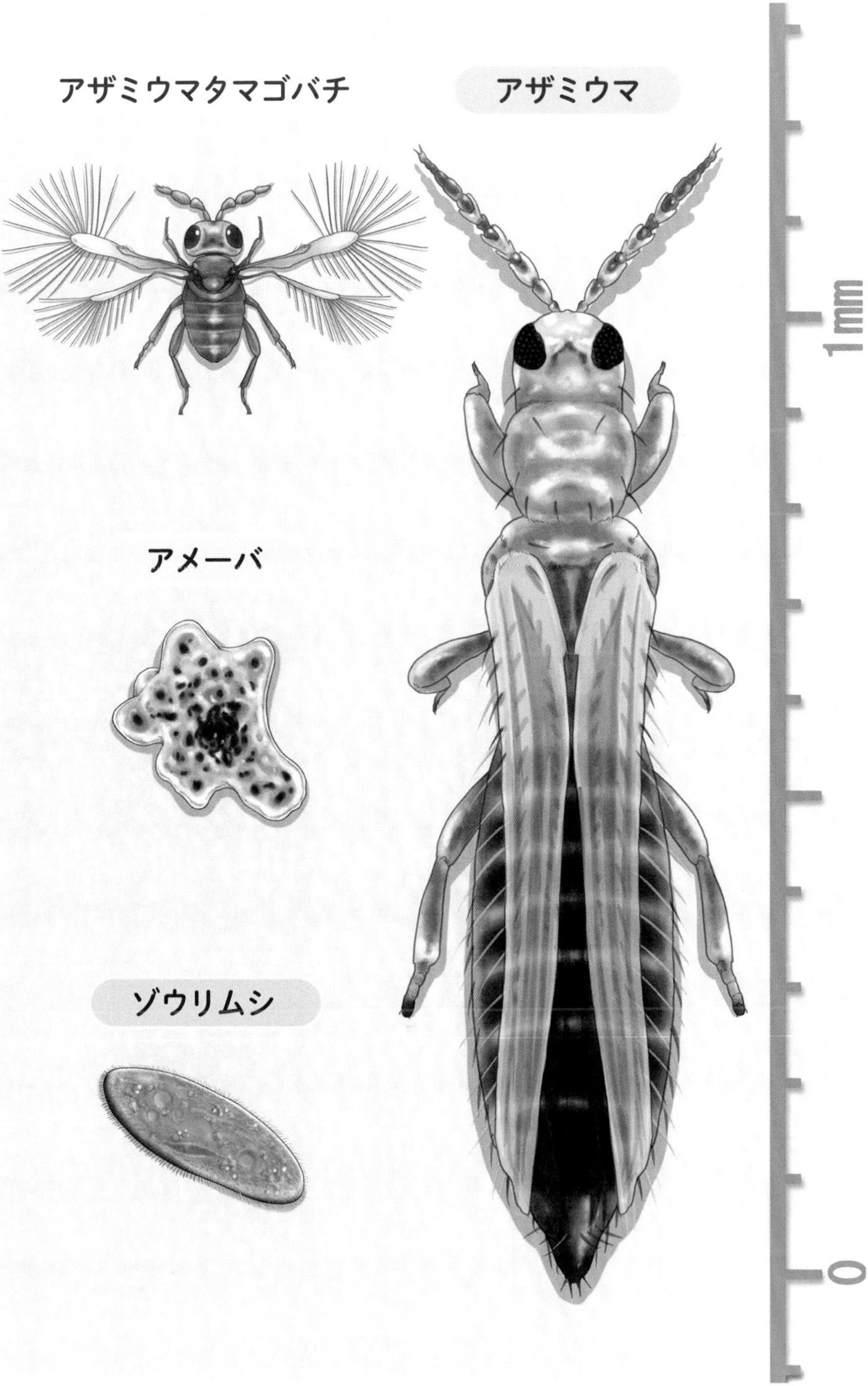
アザミウマタマゴバチ
アザミウマ
アメーバ
ゾウリムシ
1mm
0

テントウムシを手玉にとるテントウハラボソコマユバチ

寄生バチ

コマユバチ科

ハラボソコマユバチ亜科

コレマンアブラバチ（70ページ）ような寄生バチが寄生するのは、私たち人間が「害虫」と忌み嫌う昆虫ばかりではありません。寄生バチの寄生対象は多様で、寄生に関する生態もまた様々です。テントウムシに寄生するテントウハラボソコマユバチも、寄生に関する非常に面白い習性を持ったハチです。他の寄生バチと同様、コマユバチは寄生相手（寄主）であるテントウムシに近づくと、腹部を曲げてテントウムシの脇腹に卵を産みつけます。その時コマユバチは、針を使ってテントウムシに麻酔を打ち込みます。つまり、テントウムシの動きを封じてから卵を産みつけているというわけです。ふ化したコマユバチの幼虫は動けなくなったテントウムシの体内に入り込み、テントウムシの体液や脂肪などの組織を食べて成長します。テントウムシの体の2分の1ほどの大きさに成長したコマユバチの幼虫は、テントウムシの体から這い出して、テントウムシの体の下で蛹になります。コマユバチの蛹の上に硬い上翅を持つテントウムシが覆いかぶさって、蛹を守っているような状態になるのです。なんとテントウムシはこの状態でもまだ生きていて、外敵などを追っ払うように脚をバタつかせることができるそうです。テントウムシはコマユバチの幼虫に手玉にとられ、操られているとしか思えません。この不思議なしくみは、コマユバチが麻酔成分と同時にテントウムシの脳を操るウイルスを打ち込んでいることを発見した２０１５年の論文で明らかになりました。しかも、コマユバチが蛹から羽化したあと、寄生されたテントウムシの25％ほどはもとの生活に戻り、再度コマユバチに寄生されるものまでいるそうです。テントウムシの身になってみると、なんとも気の毒なお話です。

テントウムシに卵を産みつける

テントウハラボソコマユバチ

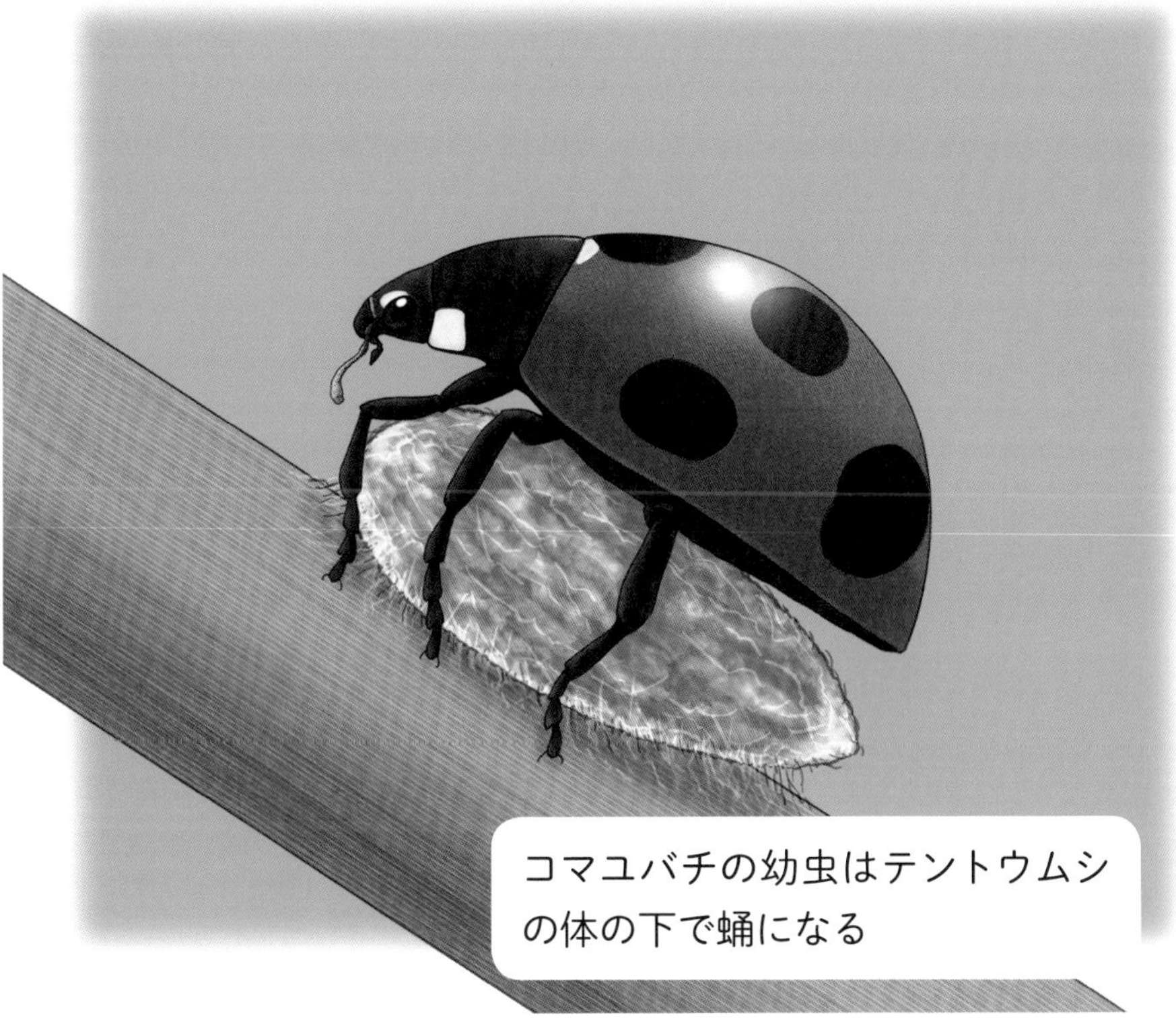

コマユバチの幼虫はテントウムシの体の下で蛹になる

子供の成長は運まかせ？ エゾマルカギバラバチ

本書の中で数多く紹介している、寄生バチの生態。そのほとんどは、寄生対象の昆虫（寄主）の体内あるいは体の表面に、直接卵を産みつけます。しかし、ここで紹介するエゾマルカギバラバチは、何をどうしてそうしようと思ったのか、どう考えても回りくどい方法を使ってスズメバチに寄生します。まずは、寄主であるスズメバチの側から説明しましょう。スズメバチの幼虫は、スズメバチの働きバチが狩りをして捕えた昆虫の筋肉組織や内臓などを団子状にした、言わば昆虫肉団子を餌としています。このことをご理解いただいた上で、主人公のエゾマルカギバラバチに話を戻します。エゾマルカギバラバチは寄生バチの仲間で、この種の幼虫が育つのはスズメバチの幼虫の体の中です。そのためエゾマルカギバラバチの母バチは、スズメバチの巣に侵入するなりして、スズメバチの幼虫に卵を産みつける必要があるはずです。しかしエゾマルカギバラバチの母バチは、スズメバチの巣や体に卵を産みつけるようなことはしません。母バチが卵を産むのは、葉っぱの上なのです。さて、ここからが大冒険です。葉っぱに産みつけられた卵は、ガの幼虫に食べられるのを待ちます。ガの幼虫に食べられた卵は、ガの幼虫の体の中で小さな1齢幼虫にふ化します。このガの幼虫をスズメバチが捕えて、肉団子にして持ち帰ります。肉団子の中には小さなエゾマルカギバラバチの幼虫が含まれていて、スズメバチの幼虫に食べられてお腹に入る、というしくみです。あまりにも回りくどく、確率が低い方法なので、エゾマルカギバラバチは非常に多くの卵を産むハチでもあるそうです。まあ、怖～いスズメバチがたくさんいる巣に忍び込むリスクよりも、この方法の方がよい…のでしょうか？

寄生バチ

カギバラバチ科

ー

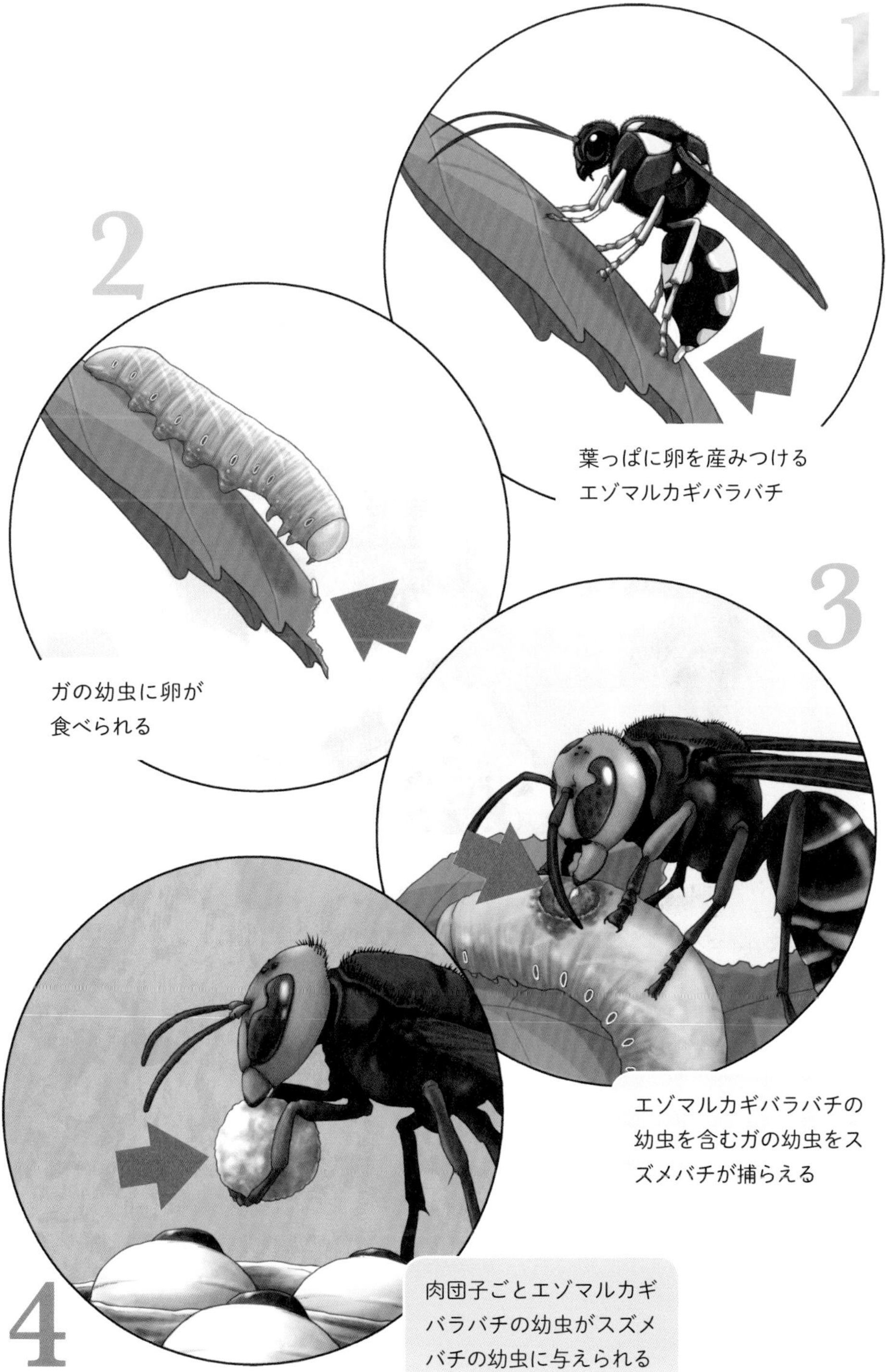
1
葉っぱに卵を産みつける
エゾマルカギバラバチ
2
ガの幼虫に卵が
食べられる
3
エゾマルカギバラバチの
幼虫を含むガの幼虫をス
ズメバチが捕らえる
4
肉団子ごとエゾマルカギ
バラバチの幼虫がスズメ
バチの幼虫に与えられる

体の7倍以上の長さの尾を持つ ウマノオバチ

ウマノオバチは長〜い尾を使って
カミキリムシの幼虫に卵を産みつける

寄生バチ

コマユバチ科

コマユバチ亜科

ウマノオバチ。漢字で「馬尾蜂」と書きます。ふさふさの馬の尻尾全体ではなく、尻尾を構成する1本1本の長い毛のような尾を持つハチということで、この和名がつけられました。体長1.5〜2.5cm程度のハチの腹部の先端から、馬の尾の毛が長〜く伸びているように見えるハチ、と言えばその姿を想像できるでしょうか？　あまりにも特徴的なその姿は、子供向けの昆虫図鑑などでも必ずと言ってよいほど紹介されるので、ミツバチやスズメバチなどハチの代名詞と言えるハチに次いで有名なハチかもしれません。さて、体長の7〜9倍もあると言われている長い尾のように見える部分は、実は尾ではなく産卵管です。ウマノオバチは寄生バチの仲間で、寄生対象となる他の昆虫（寄主）の体の中あるいは外側に卵を産みつけ、幼虫は寄主の体を餌とすることで成長します。ウマノオバチが寄生する相手は、主にカミキリムシの幼虫と考えられています。カミキリムシの幼虫は木の幹の深い中心部で生活しているので、その相手に産卵しようと思うと、こんなにも長い産卵管が必要になったのではないか、というのです。これまでは大型のカミキリムシであるシロスジカミキリが寄生相手と考えられてきましたが、近年、やはり体の大きなミヤマカミキリに寄生していることが確認されました。寄生相手が木の中の奥深いところにいるため、人間にはその証拠がつかみにくかったのです。それほど見つけづらいカミキリムシの幼虫を発見して産卵するのですから、驚くほど長い産卵管が必要であることは逆に納得ですね。

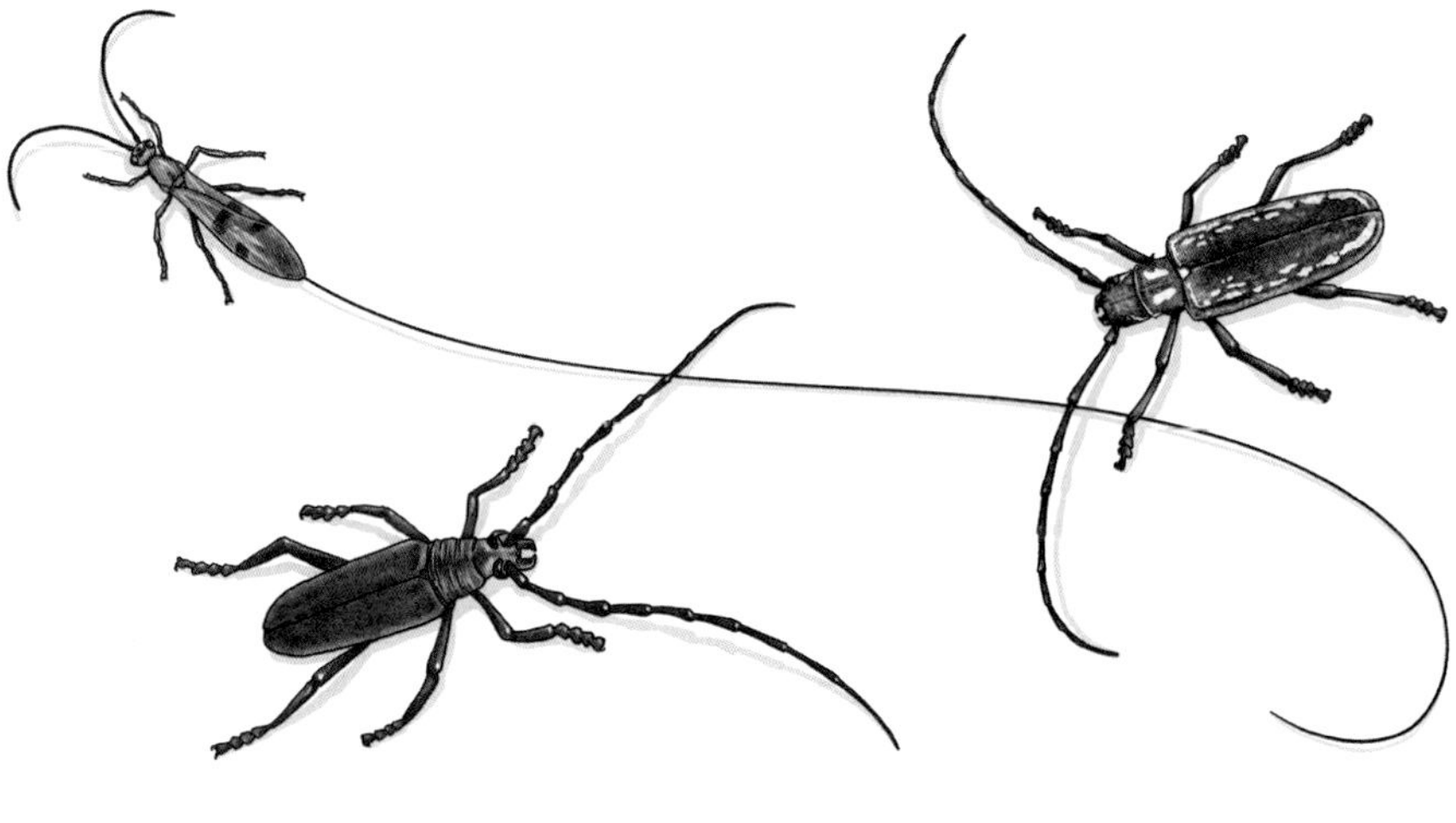

水の中を飛ぶように泳ぐ アメンボタマゴクロバチ

アメンボの卵に寄生するため水中を泳ぐ
アメンボタマゴクロバチ

寄生バチ

タマゴクロバチ科

Tiphodytes 属

ハチの翅は空を飛ぶためのもの？　いえいえ、そんな固定観念は捨ててください。鳥の世界に羽根を使って水中を泳ぐ海鳥がいるように、ハチの世界にもその翅を水の中を泳ぐことに使うものがいるのです。アメンボタマゴクロバチは、その名の通り水辺で生活するアメンボの卵に関係があるハチです。このハチは、本書の中でもたくさん出てくる寄生バチの一種で、その寄生する相手がアメンボの卵であることが名前の由来です。アメンボタマゴクロバチのメスは、水中の水草などに産みつけられているアメンボの卵まで、翅を使っ

て泳いでいきます。そして、アメンボの卵に自分の卵を産みつけます。翅の先端には多くの毛が生えているのですが、水をかいて泳ぐことに便利だったり、毛の間に空気を挟んで呼吸できるようにしているのではないかと考えられています。アメンボタマゴクロバチの幼虫は、アメンボの卵を栄養にしながら成長し、その中で蛹になります。やがてアメンボの卵の殻をやぶり成虫となって出てきたアメンボタマゴクロバチは、大空に舞い上がる…ことはできません。その前に、自分が育ったアメンボの卵がある、水中からの脱出が必要なのです。そのためには、翅を使って水中を泳ぎ、水面を目指さなくてはなりません。大空を目指してまずは水の中を飛ばなければならないとは、なかなかハードな生き方ですね。

育ての親をとことん酷使 クモヒメバチ

寄生バチ

ヒメバチ科

ヒラタヒメバチ亜科

育ててくれた相手に恩義を感じる…そんなことは、人間の世界でのみ通じるお話なのかもしれません。なぜなら「寄生」という行動様式において、育ててくれる相手は「餌」でしかないわけですから、恩義も何もあったものではありません。クモヒメバチの幼虫は、寄主の体の中で成長することの多い寄生バチと異なり、寄主であるクモの体の外側に張りついて、アゴで開けた穴から体液を吸いながら成長していきます。寄生されたクモの方は、クモヒメバチを背負ったまま巣を張り巡らせ、巣に捕えられた昆虫を食べて普通に生活を続けます。クモヒメバチの幼虫をおんぶして育てているようなクモの姿は、一見微笑ましく思えるかもしれません。しかし思い出してください、クモはクモヒメバチに体の養分を吸い取られ続けていることを…。やがて大きく成長したクモヒメバチの幼虫は、蛹になります。ただし、その前に育ててくれたクモに最後のひと仕事をしてもらう必要があります。それは、これまで昆虫を捕まえるために張り巡らされていたクモの巣を、寄主のクモがいなくなったあと、蛹になって動けなくなった自身の体を守ってくれるように作り変えてもらう作業です。昆虫がベタベタとくっついてしまうような粘着性の糸ではなく、また、作り直すクモがいなくてもよいように、簡単には壊れない頑丈な構造にしてもらうのです。これが、すべての養分を吸い尽くされ、まもなく死を迎えるクモが、突然一晩で作り直す「操作網」と呼ばれるクモヒメバチ用の巣作りです。いったいどこまで育ての親をこき使えば気がすむのか？　と言いたくなるような寄生っぷり。ある意味、見事です。巧妙な自然界の営みには、感心せざるを得ません。

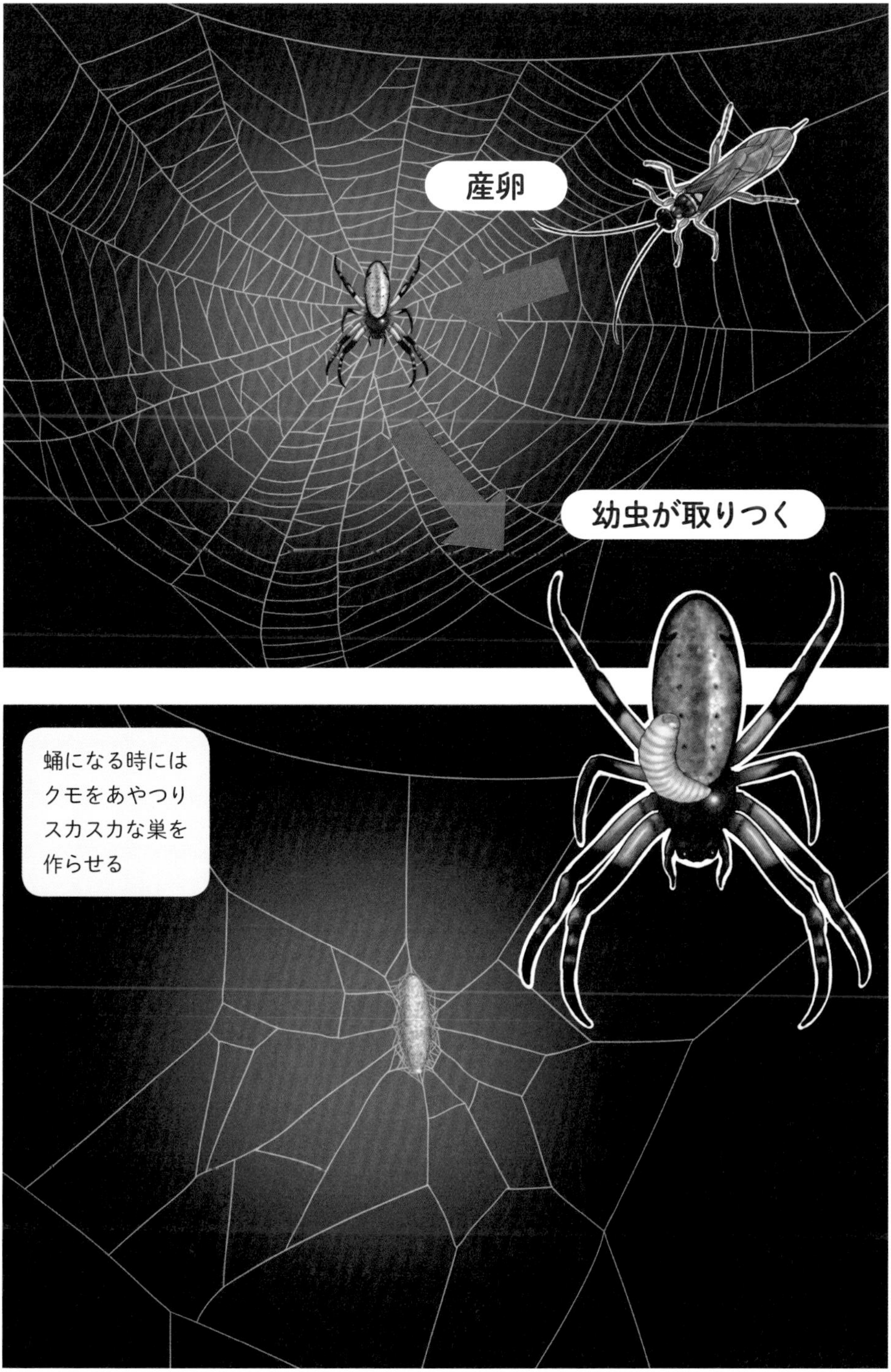
産卵
幼虫が取りつく
蛹になる時には
クモをあやつり
スカスカな巣を
作らせる

漢字で書くと「青蜂」
美しいハチの仲間　セイボウ

カリバチ
セイボウ科
セイボウ亜科

「ハチの絵を描いてください。」とお願いすると、おそらく多くの人が黄と黒の縞々でハチを表現されるのではないでしょうか。黄と黒の縞々。これは、多くの生物において共通する、警戒を表す色だと言われてます。巣や仲間を守るための武器として産卵管を針へと変化させたハチの仲間は、黄と黒によってその危険性を他の生物に知らせています。また、それを利用して黄と黒の縞々を身にまとい、さもハチであるかのようにふるまって、自分の安全を確保しようとする昆虫までいます（230ページ参照）。しかし、筆者がここで強調したいのは、ハチの仲間はその生活も容姿もとても多様で、ユニークであるということです。そう、ハチの色は、黄と黒の縞々だけではありません。「青蜂」と書いて「セイボウ」と読むハチの仲間は、読んで字のごとく碧《あお》い、蒼《あお》い、とても青いハチです。しかも、ただ青いだけではありません。多くの種が、メタリックブルー、あるいはメタリックグリーンに輝く、とても美しいハチなのです。セイボウは、日本には39種が記録されています。しかし、小さいもので3㎜程度、大きなものでも2㎝ほどなので、よ～く目を凝らさないと、その美しさに心を奪われるのは難しいかもしれません。私たちがセイボウを目にするチャンスは、セイボウがハルジオンやオミナエシなどの花を訪れている時です。ただし、セイボウはハナバチの仲間ではありません。多くの種が、他のハチの幼虫を餌とするカリバチです。オオセイボウのようにスズバチの幼虫を餌とすることが知られているものもいれば、餌にする相手がまだわかっていない種もいます。美しい色もその生態も、いろいろと観察しがいのあるハチなのです。

幼虫がオオセイボウの餌になる
スズバチ
オオセイボウ

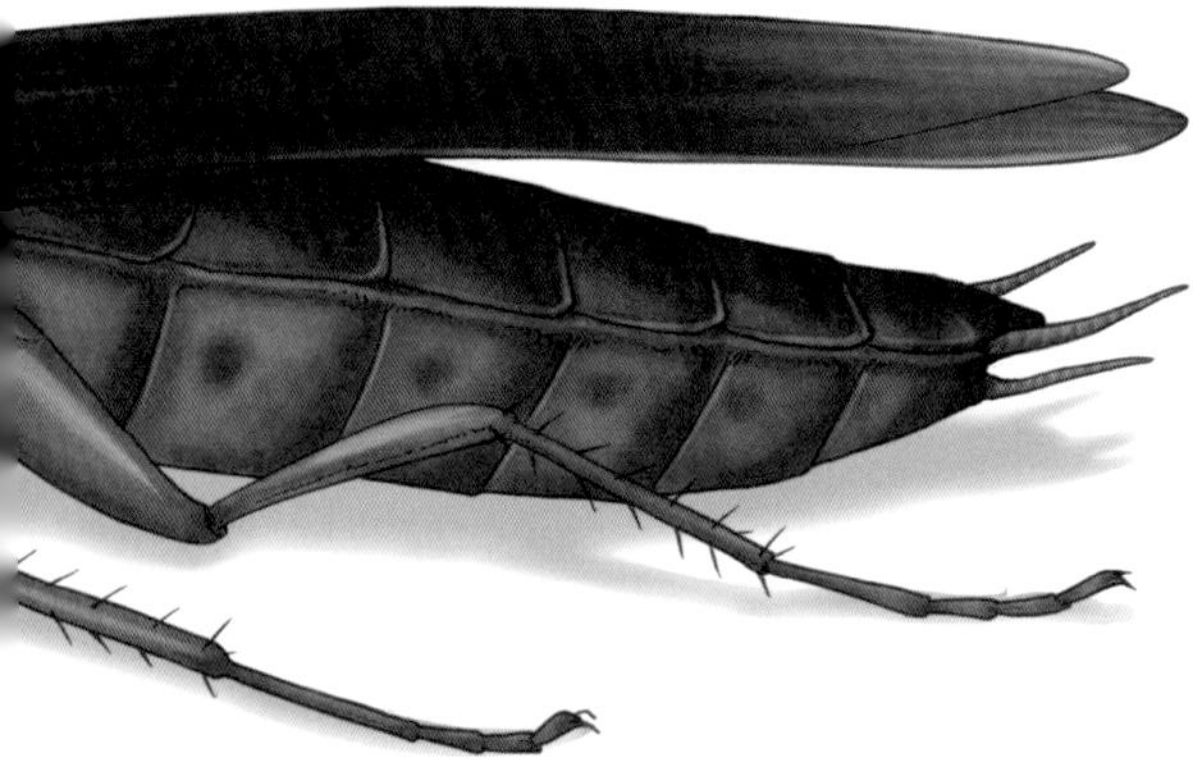

名前だけだとよくわからない エメラルドゴキブリバチ

カリバチ

セナガアナバチ科

セナガアナバチ属

熱帯地域に生息するエメラルドゴキブリバチは、キラキラとしたエメラルドグリーンが美しく、脚のつけ根のオレンジ色がこれまた鮮やかなハチです。でも、エメラルドという響きよりも、「ゴキブリ」という文字が気になりませんか？　しかもゴキブリのうしろにハチまでついて、いったいゴキブリなのかハチなのか？　その正体は、この本の主役＝ハチの仲間です。その名についた「ゴキブリ」の名前は、このハチの幼虫がゴキブリを餌にするところから来ています。エメラルドゴキブリバチの成虫は、幼虫の餌となるゴキブリ

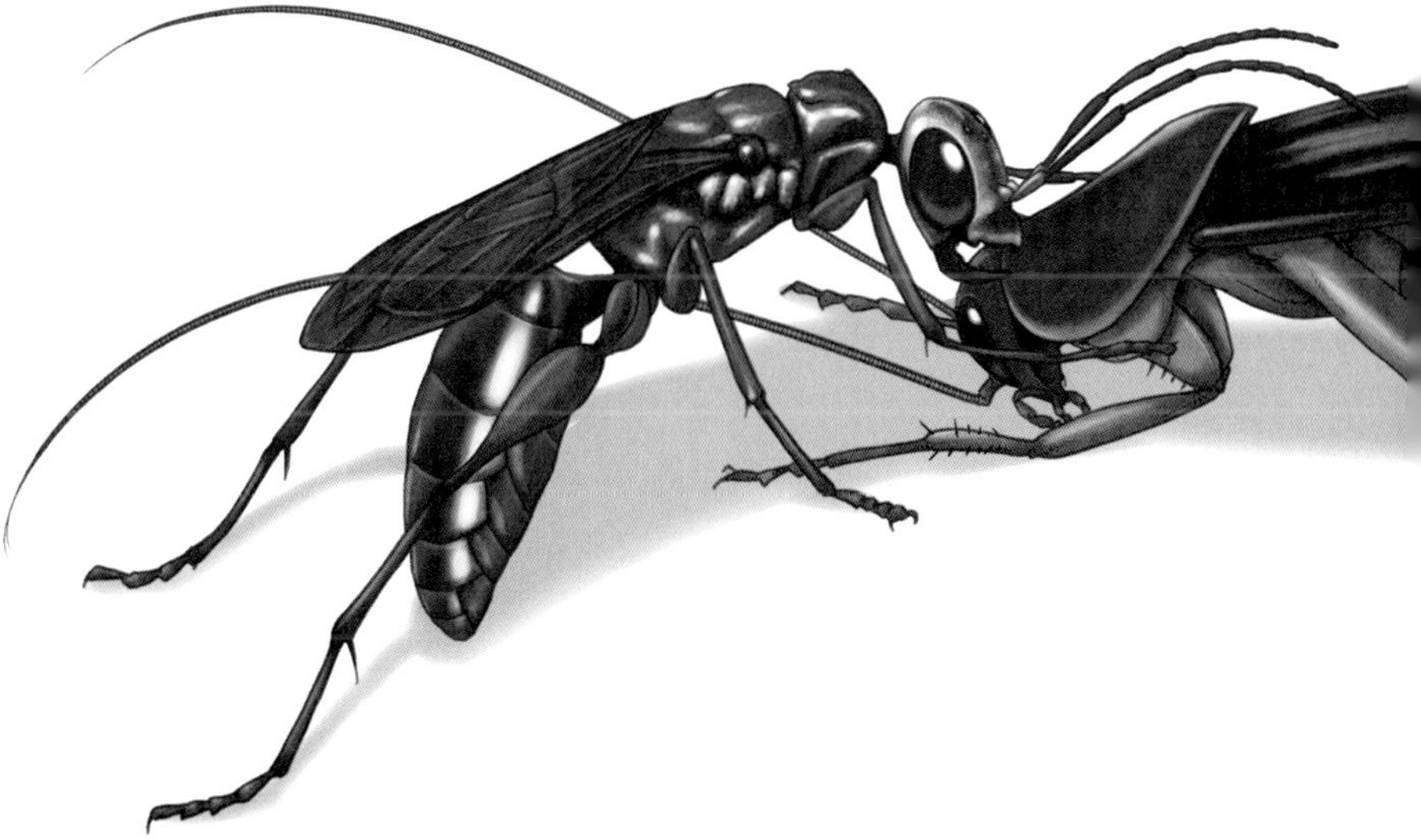

の脳をマヒさせるために、お尻の針を差し込んで毒を注入します。自分よりも大きなゴキブリを運ぶのは大変なので、自分の脚で歩いてもらうために脳だけマヒさせます。ゴキブリの触覚を引っ張り自分の巣まで歩いてもらったら、いよいよ完全に動けなくするための毒を注入し、半殺し状態にします。完全に殺さないのは、ゴキブリを生きたままの状態で幼虫の餌にするためです。ゴキブリに産みつけられた卵からふ化したハチの幼虫は、ゴキブリのお腹を食い破って体内に侵入し、完全には殺さないように、内臓から食べ進めます。そのまま幼虫はゴキブリの体内で蛹になり、羽化とともにゴキブリの体から脱出…。この文章は食事中には読まれないことをお勧めします。あ、全部読み終えてしまいました？

寄生者？用心棒？ダニを飼うアトボシキタドロバチ

カリバチ

スズメバチ科

ドロバチ亜科

「体にダニがくっついている。」と聞くと、あまりよい気分がするものではありませんよね。他の生き物の体に取りついて生活しているダニの多くは、その生き物に喰らいついて体液を吸汁します。つまりは寄生者です。そのため人はもちろんのこと、動物でも昆虫でも、寄生性のダニに取りつかれている生き物側からすると、迷惑であることの方が一般的だと思われます。しかし寄生する生物の中には、寄生している相手＝寄《き》主《しゅ》に、利益をもたらしてくれるものもいます。例えば、腸内細菌です。腸内細菌は人の腸の中で生活する寄生者ですが、私たち人間の健康に欠かせない存在であると言われています。また、顔ダニもそうです。人の顔の毛穴の中などにいて、余計な皮脂などを食べてくれます。顔ダニの数が少なくなると、肌のトラブルが起こりやすくなると言われています。そしてアトボシキタドロバチというハチと、そこに寄生するアトボシキタドロバチヤドリコナダニは、互いの協力関係をさらに強くしたと思われる生活を営んでいます。というのも、このドロバチの体にはヤドリコナダニ専用の「ダニポケット」なる構造が備わっていて、まるでヤドリコナダニを体の表面で飼っているように思われるからです。ヤドリコナダニは、ドロバチの巣の中で幼虫や蛹の体液を吸って生活しています。しかし、ドロバチの巣に天敵であるメリトビアと呼ばれる小型の寄生バチが侵入すると、ヤドリコナダニはメリトビアを攻撃し、殺したり、メリトビアが産卵するのを妨害したりする様子が観察されたそうです。つまり、ヤドリコナダニは寄生者、時々用心棒だったというわけです。用心棒をしてもらう代わりに、体液を吸わせてあげる。何とも奇妙な関係ですね。

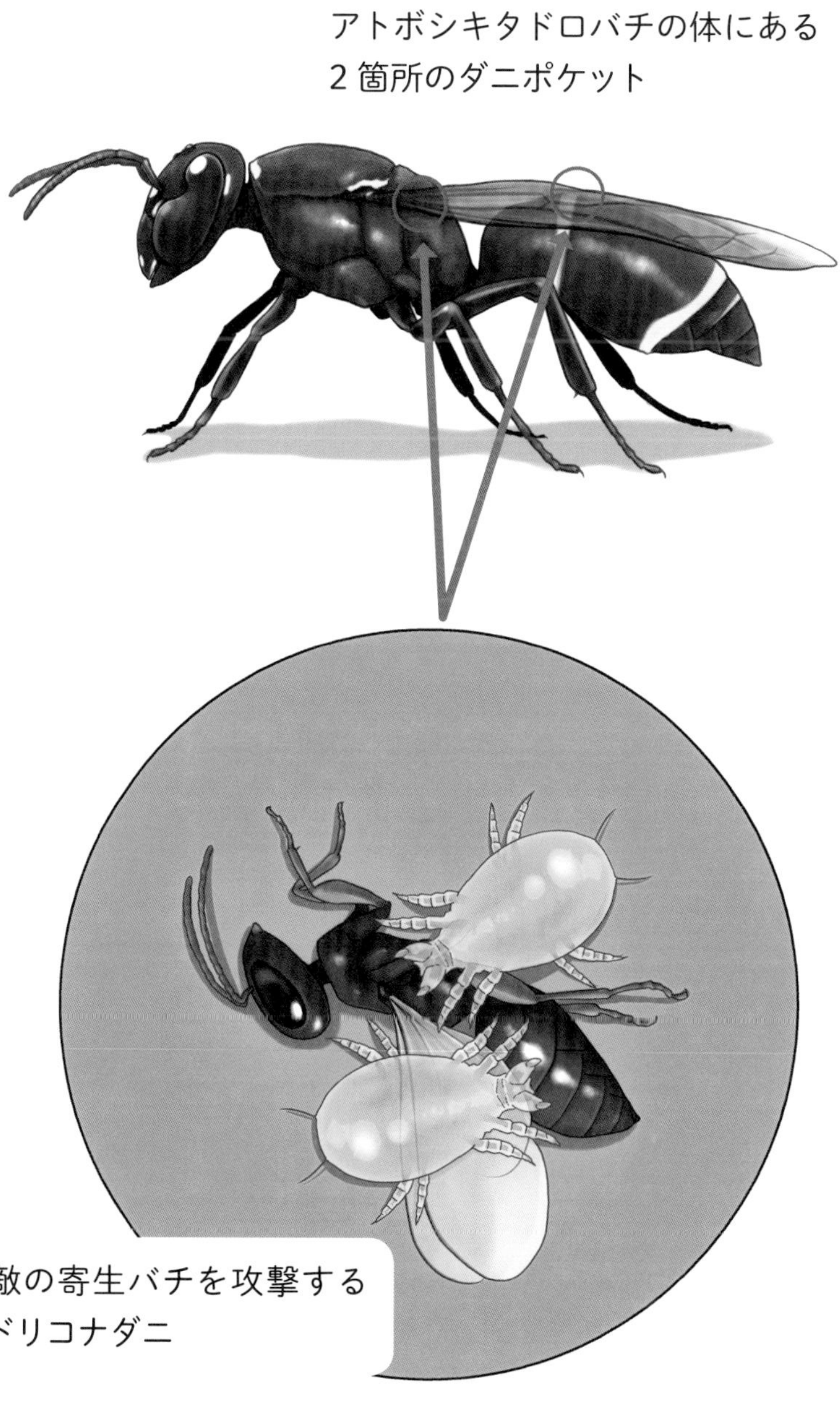
アトボシキタドロバチの体にある
2箇所のダニポケット
天敵の寄生バチを攻撃する
ヤドリコナダニ

オスにも針がある？ オデコフタオビドロバチ

カリバチ

スズメバチ科

ドロバチ亜科

第1章では、「刺すという行為はメスだけのものである」とご紹介しました。ハチの毒針は産卵管が変化したものなので、毒針を持てるのは産卵することのできるメスだけだからです。この毒針、もともとはカリバチが幼虫の餌となる獲物を仕留めるために進化してきたものと考えられています。その後、家族などの集団で「群れ」を作って社会性生活を始めると、群れの仲間や巣の中で暮らす卵、幼虫、蛹などの子供たちを守るための武器へとその役割が変わっていったとされています。幼虫のために餌を狩る母バチも、巣のために献身的に活動する働きバチも、どちらも基本的にメスバチです。メス社会であるハチの世界では、いろいろな目的と用途を持つメスにとって毒針は重要な器官です。ですから、基本的に交尾のみを目的として暮らしているオスにとって毒針は無用の長物…と考えられてきました。しかし、神戸大学の研究グループが、オスにも針、正確には「偽針《ぎしん》」というトゲがあり、それを武器として利用しているハチを発見したのです。そのハチ、オデコフタオビドロバチは、交尾器に大きな1対の針のような構造＝偽針を持っています。研究グループの実験では、アマガエルに食べられそうになったオデコフタオビドロバチのオスの中には、その偽針を刺すような行動によって逃げることができたものがいました。オスが偽針を持つハチの種類はそれほど多くありませんが、毒を注入できずとも「ハチのひと刺し」をお見舞いできるオスがいるというのは驚きです。

本書の美しいイラストを担当しているｃｏｃｏさんによれば、同じように腹部末端に偽針のあるハラナガツチバチのオスの攻撃も、思わず手を放してしまうほどの痛みがあるそうです。

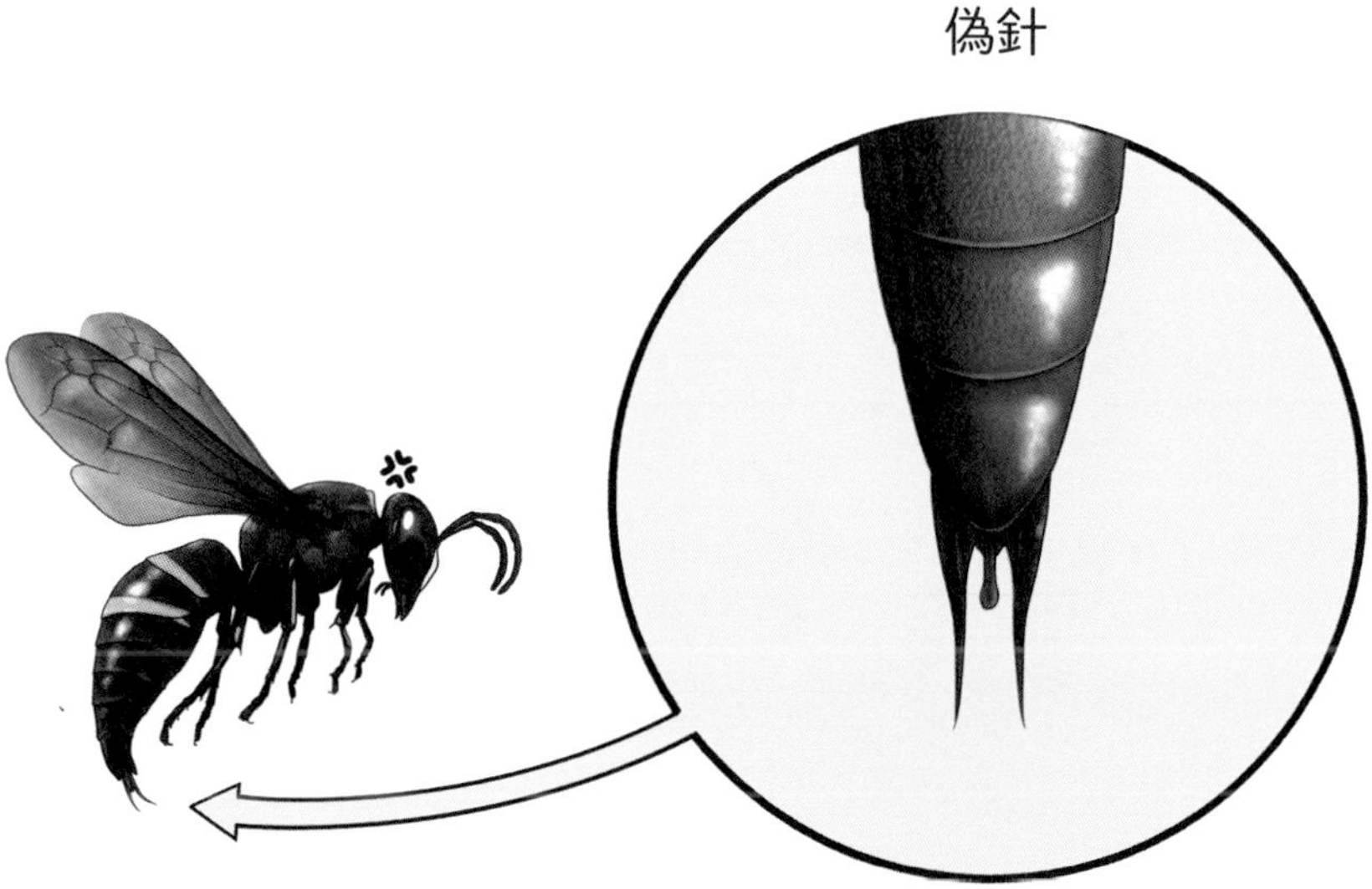
偽針

毒グモ　タランチュラより強い
タランチュラホーク

カリバチ
クモバチ科
Pepsis 属など

ハチは嫌いだけど、クモはもっと嫌い！　という方も多いでしょう。そんな人も、「タランチュラ」という名前を耳にされたことはあると思います。タランチュラは、世界の温暖な地域に生息している、全身に毛の生えた大型のクモの仲間です。映画などの影響からか、非常に凶暴で人をも殺す毒を持つイメージがあります。しかし、毒性のある毛を護身のために飛び散らすものの、実際には多少の炎症やかゆみを伴う程度で、人の死亡例などは報告されていないそうです。とはいえ、最大で13㎝にまで成長する種もいて、鳥のヒナや

小型のネズミなどは食べてしまうということですから、怖～いイメージはぬぐいきれません。そんなタランチュラに襲いかかり、餌にしているハチがいます。オオクモカリベッコウ（バチ）、別名タランチュラホークと呼ばれる、正真正銘、世界最大のハチです。ホークとは、英語でタカのこと。地中に巣を作るタランチュラを、大きな翅と長い脚で移動しながら探して歩き、大きなアゴを使って地中から引っ張り出す最強のハンターです。タランチュラの毒牙をよけながら毒針を刺し込み、麻酔をかけます。動けなくなったタランチュラは巣穴に運び込まれ、幼虫の餌となります。実際に大きなクモとハチが死闘を繰り広げていたら少し怖いかもしれませんが、ここはタカみの見物としておきましょう。

まるでクワガタ？キバで戦う オオキバドロバチ

カリバチ

スズメバチ科

ドロバチ亜科

クワガタムシは、日本の子供たちはもちろんのこと、大人にとっても憧れの存在でしょう。「ツノ」や「キバ」とも表現される大アゴを使って樹液やメスを巡って繰り広げられる闘いは、カッコイイの一言に尽きます。でも、大きなアゴを使ってメスを勝ち取ろうとする昆虫は、クワガタだけではありません。アフリカに生息するオオキバドロバチは、その名の通り大アゴがクワガタを思わせるほど大きく湾曲し、キバ状になっています。このキバはオスにしかなく、ドロでできた巣から新たに羽化してくるメスを巡って、大きなキバを突き合わせて闘います。この闘い、時には何時間も続くことがあるのだとか。何匹ものオスが集まり、キバを使って威嚇し、ライバルを投げ飛ばす姿はクワガタそのものです。大きなキバを持つ、体の大きなオスが勝ち残り、羽化してきたメスを抱き抱えて颯爽と飛び去る様は、勝者の風格そのものです。このオオキバドロバチ、変わっているのはメスを巡る戦いだけではありません。単独で生活しながらドロを使って巣を作り、その中で幼虫を育てるのは、ドロバチ全般の習性です。ドロバチの多くの種では、幼虫が成虫になるまでに必要な量（個体数）のクモや他の昆虫を巣の中に詰め込み、産卵したあとは蓋をしてしまいます。しかしオオキバドロバチは、巣の中に餌を入れずに産卵します。幼虫がふ化すると、親バチは昆虫を狩って巣に運び込み、幼虫に与えます。その様子は、まるで社会性を持って子育てをする、アシナガバチやスズメバチのようです。この子育ての方法は、幼虫を狙う天敵などから幼虫を守るために進化した生態だと考えられますが、もしかすると、アシナガバチやスズメバチの祖先もこのような始まりだったのかもしれません。

大きなキバでライバルのオスを
投げ飛ばすオオキバドロバチ

無駄な抵抗はしません
アシナガバチvsスズメバチ

カリバチ
スズメバチ科
アシナガバチ亜科

ハチの中には、とても偏食なものがいます。人間の場合、「偏食」というと栄養バランスが悪く体によくないイメージです。しかし偏食のハチは単なる好き嫌いではなく、それだけを食べるために進化してきたのです。そのように考えると、「専門食」という言い方の方がよいかもしれません。こうした専門食の習性を持つハチが、ヒメスズメバチです。ヒメスズメバチは、アシナガバチしか食べません。しかも、アシナガバチの幼虫や蛹、さらには幼虫や蛹の体液だけしか食べないのです。ものすごい偏食…いや、専門っぷりです。そのため、ヒメスズメバチがアシナガバチの成虫を捕食することはありません。対するアシナガバチも、自身が襲われることはないとわかっているためか、ヒメスズメバチが幼虫を食す姿をただ眺めていることが多く、ほとんど抵抗しません。とはいえ、ヒメスズメバチは執拗にその巣の幼虫や蛹を食べてしまうため、襲われたアシナガバチはその巣を放棄して、引っ越してしまうことが多いようです。一方、他の種のスズメバチがアシナガバチの巣を襲った場合は、また別です。ヒメスズメバチ以外のスズメバチはアシナガバチの成虫も襲って捕食するため、それはもうビックリするほどあっさりと巣をあきらめてしまいます。どれくらいあっさりかと言うと、スズメバチが襲来したとたん、巣からアシナガバチの成虫がぼたぼたと音をたてて落ちていくように見えるほど、巣から飛び去ってしまうのです。100ページでご紹介したように、アシナガバチよりも小さく、弱そうに思えるニホンミツバチでさえスズメバチに立ち向かってゆくのに、まったく抵抗しないアシナガバチ。これも、昆虫の多様な生き残り戦略ということでしょうか。

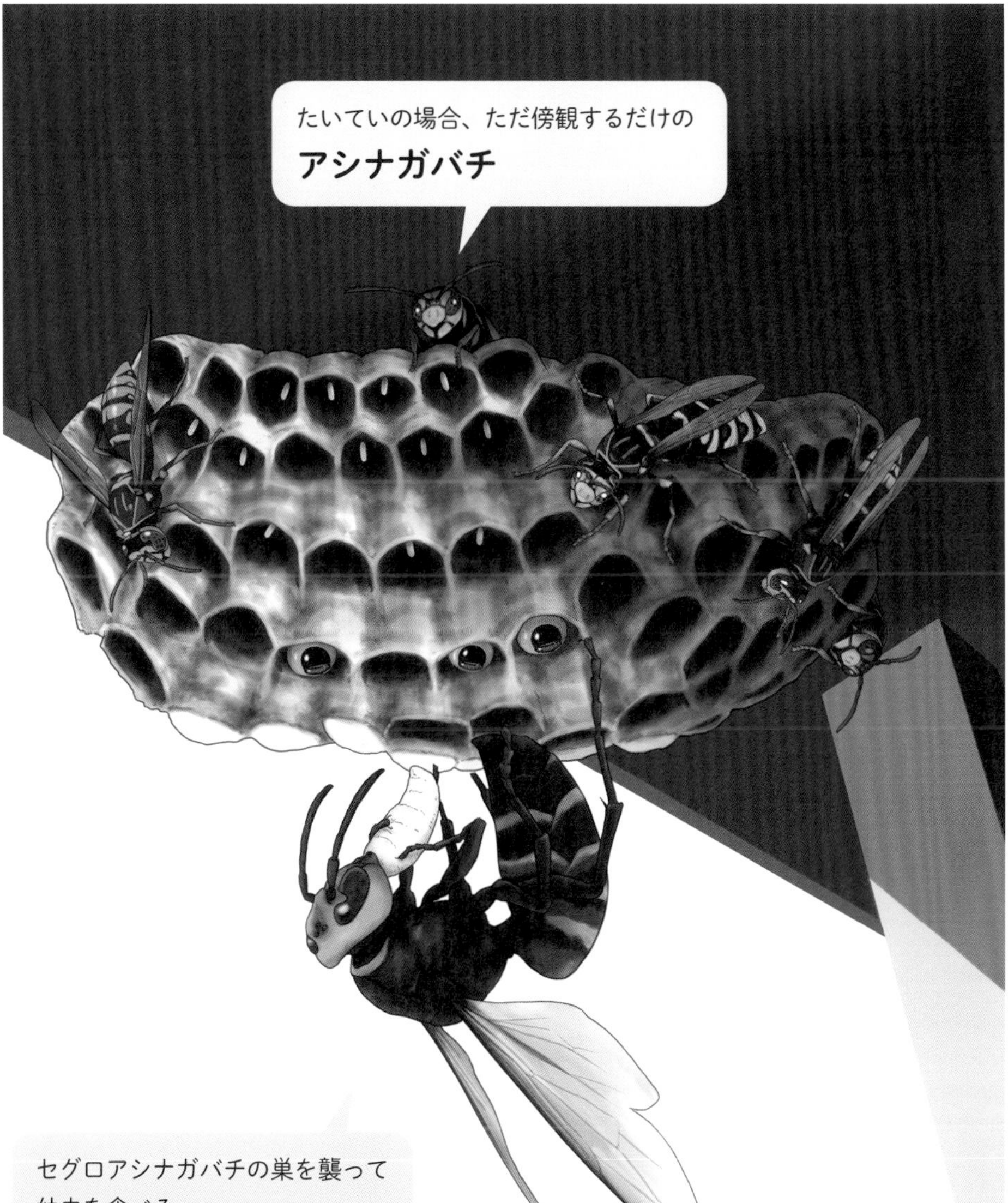
たいていの場合、ただ傍観するだけの
アシナガバチ
セグロアシナガバチの巣を襲って
幼虫を食べる
ヒメスズメバチ

壁をひっかいて腹ペコを知らせるオオスズメバチ

カリバチ

スズメバチ科

スズメバチ亜科

成虫が集団で生活しながら、幼虫が蛹になるまで必要に応じて餌を与えながら育てる生活様式を「社会性」と言います。一方で、1匹で生活をしながら産卵を行ったあと、成虫がその場に戻ってこない、あるいはその後ふ化した幼虫の面倒をみることがほとんどない生活様式を「単独性」と言います。単独性のハチは、子供が成虫になるまでに必要な食料がある場所を選んで産卵するか、あるいは巣などにまとめて用意しておく傾向があります。それに対して、社会性を営むハチの成虫は、幼虫に適宜食料を与えます。その姿は鳥類や哺乳類の子育てに通じるものがあり、その献身的な姿は微笑ましくもあります。しかし、鳥類のヒナや哺乳類の子供は、大きな声で鳴くなどして空腹を親に訴える姿を目にすることがありますが、ハチはどのようにして幼虫の空腹を知ることができるのでしょうか？　スズムシやカミキリムシなど、求愛や敵に対する威嚇などのために成虫が音を出すことはよく知られている通りです。しかし、鳴く幼虫をイメージできる方は少ないでしょう。ところが、オオスズメバチの幼虫は、お腹がすくと音を出してアピールすることができるのです。オオスズメバチの幼虫にも、成虫に負けず劣らぬ大きなアゴがあります。このアゴを使って自分の巣部屋の壁をひっかくことで、ガリッガリッと私たち人間にも聞こえるほどの大きな音を出します。この行動は成虫に空腹をアピールしていると考えられていて、成虫どうしだけではなく、成虫と幼虫が音でコミュニケーションをとっていることがわかる例です。オオスズメバチの成虫は、餌となる昆虫を狩ることに貪欲なイメージがありますが、子供（幼虫）の時代から食事に対して貪欲なのですね。

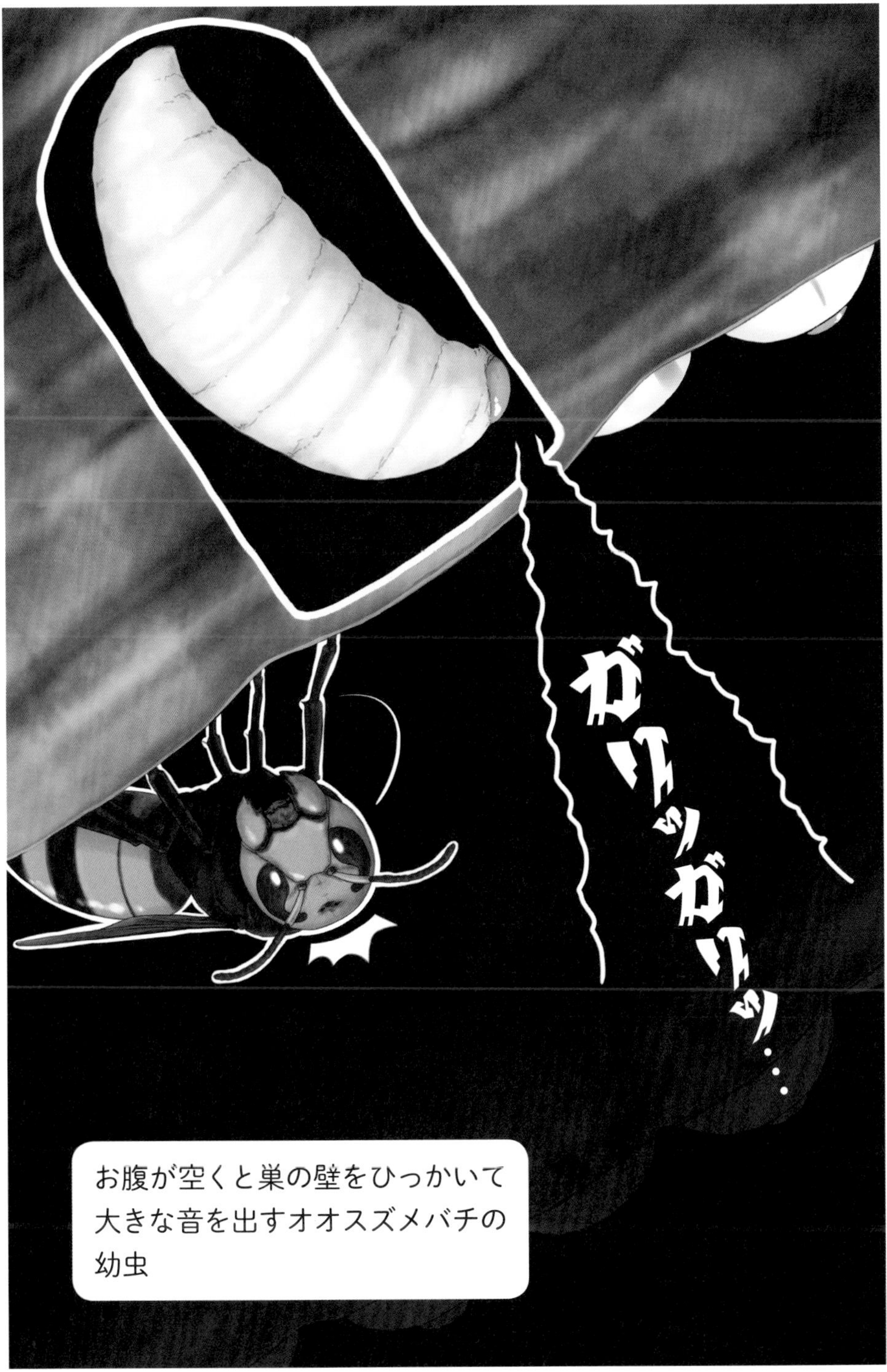
がりッがりッ…
お腹が空くと巣の壁をひっかいて大きな音を出すオオスズメバチの幼虫

自分で巣作りはまっぴらごめん チャイロスズメバチ

カリバチ

スズメバチ科

スズメバチ亜科

「スズメバチ」と聞くと、多くの人は真っ先に「怖い」「危険」というイメージを思い浮かべるでしょう。それは、刺す能力があるという他に、巣の中で育つたくさんの幼虫の餌となる昆虫を、大量に狩るハンターでもあることも相まって連想されるのかもしれません。しかし、ただ怖いというイメージのスズメバチも見方を変えると、優れた建築家であるという一面も見えてきます。たくさんの幼虫を育てるためのスズメバチのゆりかごは、大きく、空調に優れ、強度も維持されるように、樹皮の繊維質などを利用して作られています。皆さんも住居の軒下に作られたキイロスズメバチの巣を、一度は実際に、あるいは写真などで目にされたことがあるのではないでしょうか？　あれだけの大規模な巣を作るには、相当の労力が必要となることは想像に難くありません。しかし、そんな巣作りの面倒をすっ飛ばして、まんまと別種のスズメバチの巣を乗っ取ってしまうズルいスズメバチがいます。それが、黄色と黒の縞々のイメージとは異なる赤茶色のスズメバチ、チャイロスズメバチです。チャイロスズメバチの女王バチは、巣の基礎が作られ、働きバチが羽化し始めたばかりのキイロスズメバチやモンスズメバチの巣にこっそりと侵入します。そして家主のスズメバチの女王バチを殺し、自分がその巣の女王バチに成り代わり、産卵を始めます。母親である女王を殺されたキイロやモンスズメバチの働きバチは、母親が入れ替わったことを知ってか知らずか、チャイロスズメバチの卵や幼虫の世話をします。やがてキイロやモンスズメバチの働きバチの寿命は尽き、すっかりチャイロスズメバチの働きバチに入れ替わってしまいます。このような乗っ取りの方法を、「社会寄生」と呼びます。

動物界初？太陽光で自家発電
オリエントスズメバチ

カリバチ

スズメバチ科

スズメバチ亜科

近年、環境への負荷を減らすことを目的に再生可能エネルギーへの転換が進んでいます。地熱、風力、そして太陽光。自然の力を利用して、エネルギーを生み出す取り組みです。しかし太古の昔から、太陽の光をエネルギーに変換するしくみを体内に有して、進化、繁栄してきた生物がいます。そう、植物です。植物は、葉緑体という細胞の中の器官を使って光のエネルギーを化学エネルギーに変換し、体の維持や発達に必要な糖などを作ることができます。このように自身の体で光をエネルギーに変えられる生物は、これまで植物と細菌などだけと考えられてきました。ところが２０１０年、イスラエルやイギリスの研究者によって、動物の中にも太陽の光を体内でエネルギーに変換できる生物がいることが証明されました。それが、オリエントスズメバチです。オリエントスズメバチは、全身が茶色っぽい体色をしていて、腹部の後方に黄色い縞があります。研究チームによると、茶色の体組織にはメラニンが多く含まれており、まずはそこで光を捕まえます。次に、黄色い縞の部分の組織で、電気を生成しているとのこと。黄色の組織にはキサントプリテンという色素が含まれていて、この色素の溶液を用いた実験によって、光から電気が生まれるしくみを発見したそうです。しかし、オリエントスズメバチが自家発電したエネルギーをどのように利用しているのか、詳しいことはまだわかっていません。昆虫の中には、ホタルのように発光するものが知られていますが、ホタルは体の中に電気を生み出しているわけでありません。また、デンキウナギのように電気を生み出す動物はいますが、オリエントスズメバチのように太陽光を利用しているわけではありませんので、あしからず。

茶色の組織にはメラニンが多く、太陽光を集める
黄色の縞部分で電気を生成する

世界最大のハチ再発見はウソ？ウォレスジャイアントビー

ハナバチ
ハキリバチ科
ハキリバチ属

2019年の夏、ネットニュースなどを中心に「世界最大のハチ再発見」の報が駆け巡りました。それが、今回のお話の主人公「ウォレスジャイアントビー」です。ウォレスジャイアントビーは、1981年に発見されて以降、その生存が確認されていませんでした。それが、40年ぶりに「生きた姿」で再発見されたのです。しかし、この伝え方には少し誤りがあります。この本を読み進めてくださった皆さんなら、もうお気づきかもしれません。そう、ウォレスジャイアントビーは「世界最大のハチ」ではありません。「世界最大のハナバチ」が正しい表現なのです。ウォレスジャイアントビーは、全長で約4cm、翅を拡げると6.4cmもの大きさがあります。しかし「世界最大のハチ」となると、全長7cm、翅を拡げると20cm以上にもなるタランチュラホークの仲間がいるのです（144ページ）。タランチュラホークの仲間はハナバチではなく、クモを狩るカリバチになります。ウォレスジャイアントビーは、ハナバチの中ではまちがいなく世界最大かもしれませんが、ハチ全体の中では、残念ながら世界最大ではないのです。とはいえ、1981年以来、40年ぶりに生きた姿が再発見されたという報告は、紛れもなく本物のビッグニュースです。絶滅せずに生息し続けていることがわかった今、生態に関する研究にも期待が高まります。なぜなら、ウォレスジャイアントビーは樹上に巣（塚）を作るシロアリと共同の巣を作って生活しているようなのです。また、ハキリバチの仲間なのに葉は切らず、樹脂を集めて巣の材料にします。シロアリの巣の中に、さらに樹の幹に溶け込むような材質を利用して巣を作る。このことが、長い間生体が見つからなかった理由なのかもしれません。

まるでカッコウ？オオトガリハナバチ

ハナバチ
ハキリバチ科
トガリハナバチ属

皆さんは、カッコウという鳥をご存知でしょうか？　カッコウは巣作りをせず、オオヨシキリなど他の鳥の巣に卵を産みつけ、他の鳥（家主）に自分のヒナを育てさせる「托卵《たくらん》」という習性を持つ鳥です。カッコウのヒナは、餌を独占できるように家主の卵よりも先にふ化して、家主の卵をすべて壊してしまいます。生まれたてのヒナがそんなことをするなんて…。実は、ハチの世界にも似たような習性を持つハチがいます。それが、オオトガリハナバチです。このハチは、家主であるオオハキリバチが作った巣に侵入し、家主よりも

先に卵を産みます。オオハキリバチの巣には花粉と蜜でできた花粉ケーキが用意されていて、オオトガリハナバチはそのケーキに忍ばせて卵を産みます。その後、オオハキリバチも卵を産みつけて、1つ屋根の下、2種類のハチの幼虫は同じ花粉ケーキを食べて一緒に育ちます。ところが、オオトガリハナバチの幼虫が3齢幼虫になると、家主のオオハキリバチの幼虫を大きなアゴで噛み殺し、花粉ケーキを独占して成長します。幼虫なのにそんなことするなんて…。まさにカッコウそのものです。このように自らは花粉を集めたり、巣を作ったりといった労働をいっさいせず、人様の巣に自分の卵を産みつけて知らん顔をする「労働寄生」という習性を持つハナバチのことを、カッコウビー※と呼んでいます。

※ビー（bee）はハナバチのこと。カッコウは英語でもカッコウ（Cuckoo）と言う

幸せを呼ぶ？青いハチ ルリモンハナバチ

ハナバチ
ミツバチ科
ルリモンハナバチ属

ハチの色は？　と聞いて、皆さんが思い浮かべるのは黒と黄の縞模様でしょうか？　黒色と黄色の縞模様は、一般的に警戒色として、私たち人間だけでなく、他の動物たちにも危険を知らせる効果があることが知られています。しかし多様なハチの世界には、私たちのハチに対するイメージを覆す色彩を持つハチがいます。ルリモンハナバチもその1つ。通称「ブルービー」というその名の通り、とても美しい瑠璃色の斑紋が体中にちりばめられています。見つけた人をラッキーな気分にさせるその姿から、昆虫好きの人には「幸せの青い鳥」ならぬ「幸せの青いハチ」として人気があります。ハチとしては珍しいその色彩から、時々ニュースなどで紹介されることもあります。ところが、人間にとっては幸運のハチでも、同じハチの仲間、一部のハナバチにとっては実はアンハッピーな存在なのです。

それは、このルリモンハナバチの体色ではなく、「労働寄生」という変わった習性にあります。通常ハナバチの多くは、土の中あるいは竹筒や木の洞などに作られた巣に、花から花を何度も行き来して集めてきた花粉を団子状あるいはケーキのように押し固めて保管します。そこに卵を産みつけ、幼虫は花粉を餌にして育ちます。しかし、ルリモンハナバチは花の蜜を自分のエネルギーとして飲むために花を訪れるだけで、花粉を集めたり、巣を作ったりするようなことはまったくしません。土の中に作られた、まったく別種のスジボソフトハナバチの巣にこっそり忍び込み、スジボソフトハナバチが苦労して集めた花粉団子に自分の卵を産みつけて、ちゃっかり幼虫を育ててもらい、あとは知らん顔。その美しい容姿とは裏腹に、その習性を知ってしまうとちょっぴりイメージダウンな奴です。

葉の上から
寄生のチャンスをうかがう
ルリモンハナバチ
土の中に巣を作る
スジボソフトハナバチ

身近にいるのに謎だらけ ダイミョウキマダラハナバチ

春、原っぱのある公園や空き地のハルジオンなどの花の上で、よく見かけるアシナガバチがいます。あ、いやいや…たいていの方はアシナガバチの仲間と勘違いされるのではと思えるほど、アシナガバチにそっくりな小型のハチがいます。それが、ダイミョウキマダラハナバチです。名前にハナバチとついているように、幼虫が他の昆虫を餌にする「カリバチ」の仲間ではなく、蜜や花粉を生活の糧にしている「ハナバチ」の仲間です。しかしダイミョウキマダラハナバチは、花の蜜は飲むものの、他のハナバチ、例えばハキリバチやミツバチのように花粉を集めることはしません。同じミツバチ科に分類される他のハナバチは、花粉を集めて持ち帰るための花粉籠《かご》や、密集した毛などの器官が後脚にあります。ところがキマダラハナバチには、それがないのです。キマダラハナバチは、自分では巣を作らず、ニッポンヒゲナガハナバチなど他のハナバチが作った巣に侵入し、巣の主が集めてきた花粉に卵を産みつける、労働寄生（160ページ参照）という習性を持つと考えられています。しかし、その生態はわかっていないことも多い謎のハチです。その謎をさらに深めているのが、オスバチの存在です。ダイミョウキマダラハナバチは、北海道から沖縄まで、日本全国に広く分布しているハチなのに、日本ではオスが見つかっていないのです。オスがいないのに、どのように繁殖しているのでしょう？　昆虫の世界では、「単為生殖」といって、交尾をしなくても受精卵を産むことができる繁殖様式が知られています。つまり、自分のクローンを産み続ける方法で世代をつないでいると考えられています。我々の身近にいながら、不思議な暮らしをしている昆虫はまだまだたくさんいます。

ハナバチ

ミツバチ科

キマダラハナバチ属

土の中に巣を作る
ニッポンヒゲナガハナバチ
ハルジオンの花上から
寄生のチャンスを伺う
ダイミョウキマダラハナバチ

眠る時はみんなで整列 フトハナバチ

ハナバチ
ミツバチ科
フトハナバチ属

ハチの仲間には、ミツバチやスズメバチのように成虫が共同で多くの幼虫を育てる社会性の生活をするものと、個々に生活する単独性のものがいます。実は、社会性のハチは少数派で、ほとんどは単独性です。沖縄など南の島々に暮らすアオスジフトハナバチとミナミスジボソフトハナバチも、単独性のハナバチです。その名の通り少し太い…失礼、丸い体つきの、可愛らしいハチです。また、ある行動がこのハチの愛くるしさに輪をかけています。それは、葉や枝にアゴで噛みつき、6本の脚を折りたたんだ状態で宙ぶらりんになる行動です。ハチの仲間は、昆虫の中でも特にアゴが発達しています。そのアゴで昆虫を食べるものもいますが、餌を運ぶことや、巣作りのため木に穴を開けるといった、本来の目的とは異なる使い方をするハチも多く見られます。このハチの場合は、そのアゴを休息のために利用しているようです。夜になると、彼らは斜面などから突き出て垂れ下がった細長い葉や枝にアゴで噛みつき、ぶら下がって眠ります。しかも、日中は単独で生活しているはずなのに、夜は集まって、お行儀よく1列にぶら下がって眠るのだそうです。ここで面白いのは、垂れ下がった葉や枝の先端から、早いもの順に止まっていく習性。このハチの行動を研究する筑波大学の横井智之博士によると、これは根元の方から忍び寄ってくる外敵に対して、先端にいる方がより優位だからではないかと考えられるそうです。また、メスはメスどうし、オスはオスどうしで集まる傾向もあるとか。普段はバラバラでも、寝る時くらいは集まって危険を察知しやすくして、よりよい場所を確保することで安眠を勝ち取るということでしょうか。ハチだって、ぐっすり眠りたいのでしょうね。

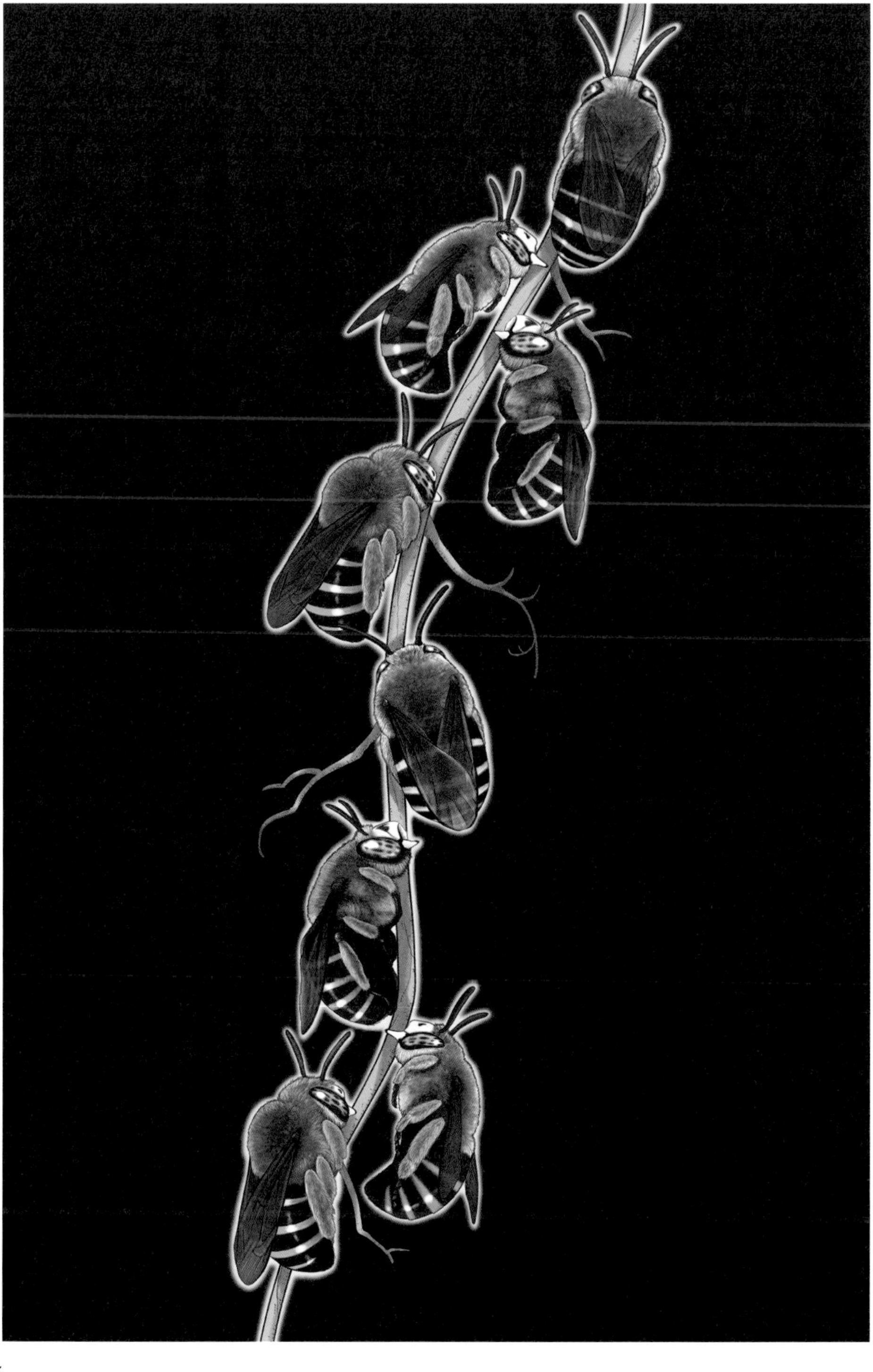

縄張りの侵入者はすべてチェック？クマバチのオス

ハナバチ
ミツバチ科
クマバチ属

春、甘～い香りを漂わせながら鮮やかな紫、あるいは白色の花を咲かせるフジの花を、より美しく楽しめるよう棚状に栽培管理されている藤棚。そんな藤棚の下に立つと、春の到来に気持ちも明るく心がときめきます。しかし、そんな私たちを快く思っていないものがいます。それはクマバチ。しかもそこを縄張りにしているクマバチのオスがそれです。皆さんも、美しいフジの花を愛でている最中に大きなハチが大きな羽音を立てながらウロウロしているのに遭遇して、少し怖い思いをされたことはないでしょうか？　クマバチのオスは、餌を求めてメスが集まってくる藤棚や花壇の周囲を飛び回り、縄張りを張って、交尾する相手の到来を待っています。空腹を満たすためにフジの花の蜜を吸う時以外は、ホバリングをして自分の縄張りを守っています。そして、縄張りに入ってきたのがオスであれば追い出そうと追いかけ、メスであれば交尾をしようと追いかけ…挙句は何か動くものが通りかかれば、鳥だろうが、人だろうが追いかける始末です。でも、うっかり彼らの縄張りに入ってしまったとしても、安心してください。クマバチでないとわかれば、それほど必死には追いかけてきませんし、そそくさと何食わぬ顔でもとのポジションに戻り、ホバリングを続けます。でも、やっぱりあんなに大きなハチが、万一ぶつかったりしたら、刺されてしまうのでは？　ご心配には及びません。クマバチに限らず、ハチの針は産卵管が変化したものなので、産卵能力のないオスには針はありません。ですから、クマバチのオスに刺されるような心配はいらないのです。今度クマバチのオスがガンを飛ばして来たら、むしろ「なんだよっ」と睨み返してみてはどうでしょうか？

花にとっては迷惑な存在？
蜜ドロボー　クマバチ

ハナバチの仲間は、花から花を飛び回り、花から得られる蜜や花粉を糧《かて》として生活しています。その代わり、体に花粉をつけたまま花の間を飛び回ることで、雌しべに花粉を運ぶ「送粉者※」として、植物の繁殖を助けています。植物は、ハナバチの体に少しでも効率よく花粉を付着させるために、またハナバチの体についた花粉を雌しべで確実に受け取れるようにするために、花の構造を多様化させてきました。私たちが多種多様な花の形を楽しむことができるのは、ハナバチなどの送粉者と植物が、長い年月の中で互いに利用し合うための工夫をしてきた証しと言っても過言ではありません。ある植物は、花びらよりも雄しべや雌しべを飛び出させ、ある植物は、蜜の出る器官（蜜腺）を花の奥深くに隠して花を細長くしてみたり…といった具合です。しかし、花々のそんな工夫を無視するハチがいます。それが、クマバチです。なんとクマバチは、蜜を花の奥へとしまってしまう細長い花や、蜜をためる距（きょ）と呼ばれる器官が飛び出た花に対して、花のどてっぱらにいきなり穴を開けてしまうのです！

58ページで紹介した通り、クマバチは発達した大アゴを使って木の枝などに大きな穴を掘り、巣を作ります。この大アゴあるいは舌の根元の固い部分を使って、蜜腺や蜜がある付近に穴を開け、そこから花蜜をせしめてしまいます。この行動を、「盗蜜《とうみつ》」と言います。当然、クマバチの体には花粉はつきません。植物にとっては蜜を食い逃げされた、盗まれたというわけです。しかも、悪いことにこの穴は塞がれることがありませんから、ミツバチなど他のハナバチもちゃっかり利用して、植物にとってはまさに泣きっ面にハチというわけです。

ハナバチ
ミツバチ科
クマバチ属

※花粉を媒介する生物のことを、近年では花粉媒介者ではなく「送粉者（そうふんしゃ）」と呼ぶようになっている

ギボウシの花の根元から盗蜜するクマバチ
クマバチの盗蜜痕をちゃっかり利用するミツバチ

だらしない？舌を出したままのシタバチ

ハナバチ
ミツバチ科
シタバチ亜科

シタバチは、漢字で「舌蜂」と書きます。その名の通り、舌が特徴的なハナバチの仲間です。ハナバチには、特定の花との間に特別な関係を持つために舌が長く進化してきた種も少なくありません。マルハナバチの一部の種やフトハナバチの仲間も、舌が長いハナバチです。これらのハチは、伸縮や折りたたみのできる舌を持ち、使う時以外は頭部の裏（下）側に舌をしまい込んでいます。ところが、シタバチはしまい込むことができないほど長く進化してしまったのか、あるいはしまい込むことをやめたから長くすることができたのか

普段は腹の下にある口吻が
吸蜜する時はさらに伸びる

…種によっては体長の何倍もの長さのある舌を、お尻の先からさらに突き出て見えるほど、だらしなく伸ばしたまま生活しています。おそらくそれほど長い舌でないと届かない、非常に特殊な花の蜜を吸うために適応してきたものだと思われます。シタバチは「宝石」と形容されるほどメタリックな美しい体色を持つ種も多く、また200ページでご紹介するように、ランの花との特殊な関係から英名ではオーキッドビー（ラン蜂）と名づけられています。その容姿や習性に似つかわしくないほど長〜く伸びた舌。中、南米にしか分布していないハナバチなので、私はまだ生きた姿にお目にかかれたことがありませんが、標本を見るたびに、長く伸びた舌が邪魔なのではないのかとつくづく心配になります。

子供を抱いて温めて育てる鳥のようなハチ　マルハナバチ

ハナバチ

ミツバチ科

マルハナバチ属

地球上の生物種の半分は、昆虫であると言われています。そんな昆虫の中でも4番目に種数の多いハチの仲間は、世界中の様々な地域に分布しています。生き物の宝庫と言われる熱帯地域はもちろんのこと、厳しい環境の北極圏にもハチの仲間は生息しています。そして、北極圏の短い夏を謳歌するようにお花畑を飛び回っているハチ。それが、マルハナバチです。マルハナバチは、温帯の北部域を中心に北極圏にまで分布するハチです。マルハナバチは、ミツバチと同じように女王バチを中心として働きバチが分業をしながら集団で巣作り、子育てを行う、社会性の生活を営むハチです。その名の通り丸っこい体格で、花から得られる蜜や花粉を生活の糧としています。そのため、生活の糧である種々の花が咲いている春から秋までが、巣作りの季節になります。つまり、餌資源となる花が咲いていない冬は、巣を維持できないということになります。マルハナバチが多く分布する温帯の北部域は、四季がはっきりしています。つまり、花が咲かない冬という季節が明確に存在し、その期間は巣作りができないのです。特に北極圏では春の訪れが遅く、夏と秋の期間も短いため、巣を維持し子育てができる期間はとても短くなります。そのような地域でも、マルハナバチは集団を形成し、巣を大きくしながら、多くの幼虫を育てられるように進化してきました。その方法は、たくさんの幼虫を少しでも早く育てるために、発熱して幼虫を温めながら育てるというものです。しかし、昆虫は変温動物（自分では体温を調整できない動物）と言われています。理科の授業などでも、そのように習ったと思います。では、マルハナバチは、どのようにして発熱するのでしょうか？

そのポイントは、筋肉にあります。人間と同様、昆虫の体内にも、飛んだり歩いたりするための筋肉があります。マルハナバチは、丸っこい体格の由来でもある大きな丸い胸部の中に、昆虫の中でも特に発達した筋肉を持つハチです。人も筋肉を動かすと、発熱して汗をかきますよね？マルハナバチも同じです。発達した筋肉を動かすことによって、熱を発生させます。発生した熱は、体液などを使って体全体に行き渡らせます。言わば自分自身を湯たんぽのようにして、幼虫や蛹を抱き抱えることで温めるのです。マルハナバチの湯たんぽによって温められた幼虫達は、一定の温度ですくすくと育っていくというわけです。

「飛ぶはずがない」と言われていたマルハナバチ

ハナバチ
ミツバチ科
マルハナバチ属

英語には、「航空力学的にマルハナバチは飛ぶことができない、けれども彼女たちはそんなことは関係なく、飛び続けている…。」※ということわざがあります。これを「マルハナバチが飛ぶのだから、科学はまだまだ進歩する。」と粋《いき》な意訳をした人もいるそうです。

こんなお話が出てくるほど、マルハナバチは飛ぶことに適していない体つきの昆虫です。胸部が異様に大きく、まるまるとした体。その体にはたくさんの毛が生えていて、もっふもふです。「ぬいぐるみのようなハチ」と形容されるその体は、あまりにも空気抵抗が大きい構造をしています。航空力学の観点からは、そんな大きな体を宙に浮かせ、高速で飛び回るには、マルハナバチの翅《はね》はあまりにも小さすぎるというのです。昆虫図鑑などで、チョウやトンボといった翅の大きな昆虫が、飛翔するための浮力や推進力を生み出すしくみが解説されたページを目にしたことがあるかもしれません。つい最近まで、マルハナバチについてはそのような解説ができなかったのです。昆虫の飛ぶしくみがまだ解明されていないことを称した、「マルハナバチのパラドクス」という言葉もあるほどです。しかし、航空力学的には説明できなくても、私たち昆虫の研究者はマルハナバチがなぜ飛ぶことができるのか、それを可能にしているのは何かということを知っていました。

それは、冒頭に説明した大きな胸部に秘密があります。

マルハナバチの大きく発達した胸の中には、筋肉がぎっしりと詰まっています。そして、その筋肉を動かすためのエネルギーを生み出すミトコンドリアという細胞の中の器官が、他の昆虫には見られないほどたくさん存在しています。この筋肉を使い、1秒間に200回を超えるほどの速さで小さな翅を羽ばたか

※ Aerodynamically the bumblebee shouldn't be able to fly, but she doesn't know that so it goes on flying anyway

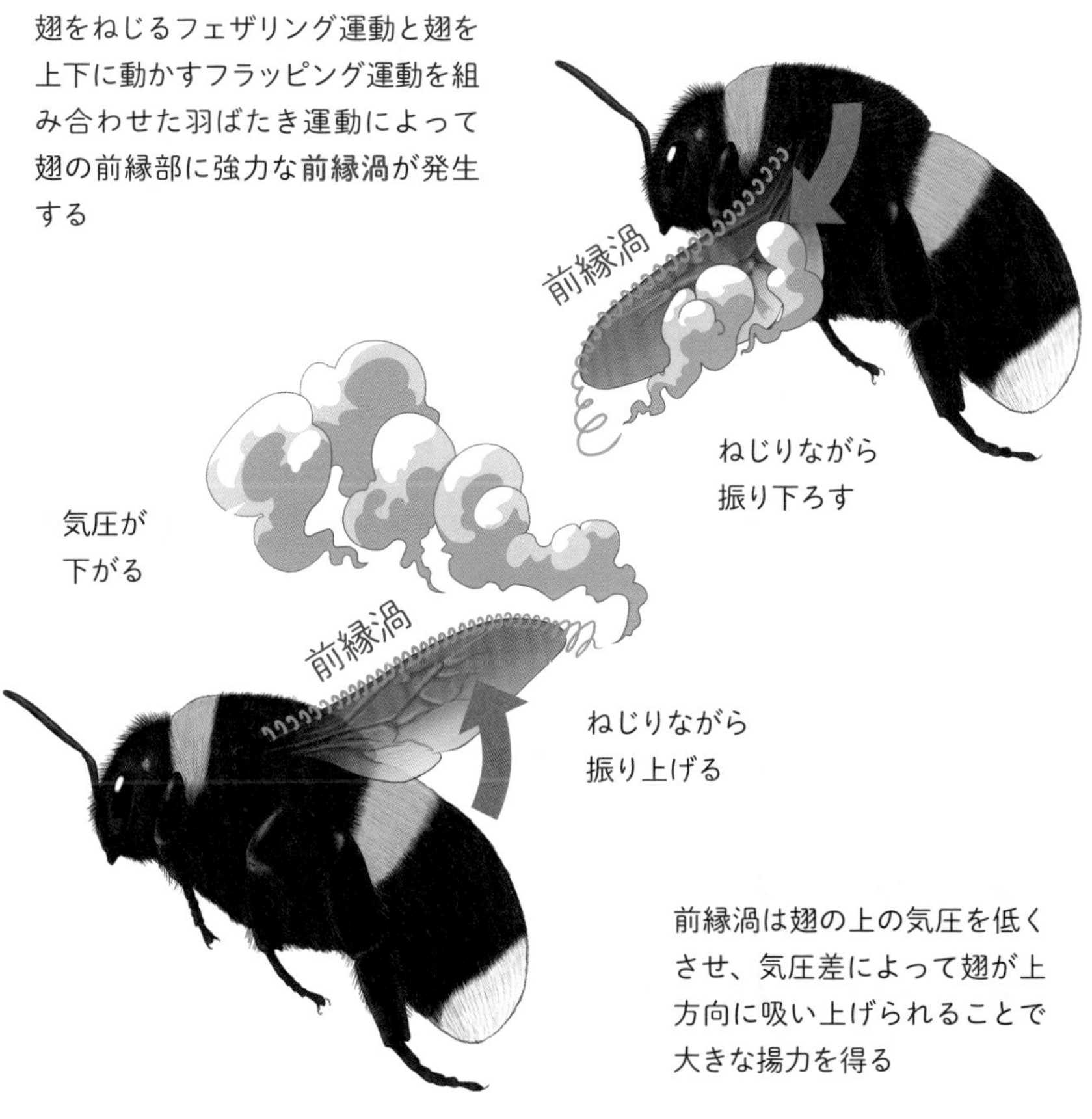
翅をねじるフェザリング運動と翅を上下に動かすフラッピング運動を組み合わせた羽ばたき運動によって翅の前縁部に強力な前縁渦が発生する
前縁渦
ねじりながら
振り下ろす
気圧が
下がる
前縁渦
ねじりながら
振り上げる
前縁渦は翅の上の気圧を低くさせ、気圧差によって翅が上方向に吸い上げられることで大きな揚力を得る

せることで、マルハナバチは飛んでいます。そしてこの筋肉の動きが生み出す振動や熱は、下向きに咲くトマトの花を受粉すること（82ページ）や、幼虫を温めて育てる（172ページ）といったマルハナバチ特有の生態にもつながってくるのです。とはいえ、人間の未知なるものに対する好奇心は止められません。多くの科学者が研究を続けたことで、空気にも粘りがあって、粘りのない中を切り裂いて飛ぶ飛行機などとは違い、マルハナバチは翅を動かすときに空気の粘りの中で生まれる渦を利用して飛んでいることがわかってきました。ここから先は門外漢なので、物理学や流体力学の専門書にお任せすることにします。それにしても、人の探求心とは凄いものです。こうして科学は発展してゆくのですね。

その名もマネハナバチ。マネをして学習する　マルハナバチ

ハナバチ

ミツバチ科

マルハナバチ属

２０１８年、イギリスの研究者たちは驚くべき実験を成功させました。それは、ハチに玉転がしをさせるというものです。玉転がしを成功させたハチは、マルハナバチ。マルハナバチはミツバチと同じ科に分類される社会性のハナバチで、巣の中にはたくさんの働きバチがいます。その中の１匹を取り出して、マルハナバチが抱えられるくらいの大きさのボールを目の前に置きます。そしてマルハナバチの体の色などを似せた模型を使い、突っつきながらボールを転がして中心のくぼみまで運んでいきます。ボールがくぼみに入ったら、そのくぼみにご褒美としての甘い砂糖水を入れてあげます。その一連の作業を、まずは１匹の働きバチに覚えさせました。最初の働きバチがその仕事を覚えたら、今度は別の働きバチを連れてきて、最初の働きバチが玉を転がす様子を見せます。すると、別の働きバチもしばらくすると、最初の働きバチのマネをして、ボールを転がしてくぼみまで運べるようになったのです。そうして、その巣はたくさんの働きバチがマネのマネをして、ボールを運べるようになったそうです。驚くべき学習能力。この行動は論文として発表されただけでなく、たくさんの働きバチが訓練し、玉転がしをする様子が動画サイトに公開されました。玉を転がすマルハナバチの様子はとても可愛らしく、微笑ましいもので、かなりの再生回数に達しました。そもそも自然界で、マルハナバチはボールを運ぶ必要などありません。しかし、「人マネ」ならぬ「ハチマネ」をする習性は、みんなで効率よく餌を集めるために必要な能力なのです。日本のハチの研究者は、この実験を見て、マルハナバチをマネハナバチと呼んでいます。これは、日本人にしか通用しないジョークですけどね。

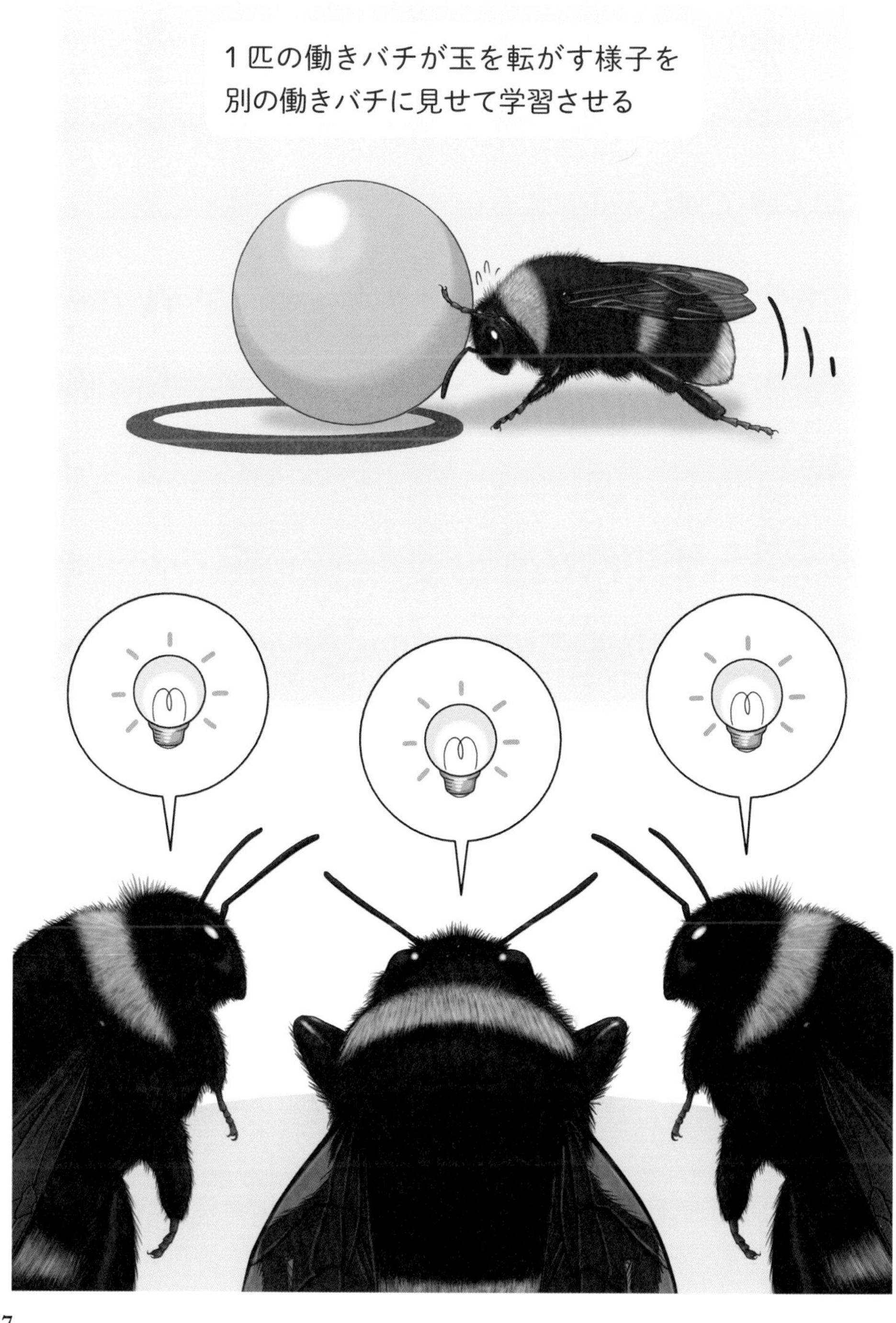
1匹の働きバチが玉を転がす様子を
別の働きバチに見せて学習させる

咲かぬなら咲かせてみせよう セイヨウオオマルハナバチ

2020年、私たちハチを研究している人間にとって、驚愕の研究結果が報告されました。スイスの研究グループによるその論文が発表された時には、昆虫の研究者や昆虫マニアの人たちの間でSNS上は騒然、その話題で持ち切りになったほどです。もちろん、ネットニュースなどのメディアにも取り上げられました。その驚くべき内容とは…「マルハナバチが葉っぱに穴を開ける」というもの。皆さんは、「そこに驚くような要素があるの？」と拍子抜けされたかもしれません。マルハナバチようなハナバチの仲間は、植物の繁殖方法である受粉において重要な、雌しべに花粉を運ぶ「送粉者」という役割を担っています。多様な花々の繁殖を助け、生態系の維持、あるいは農作物の結実、生産においても欠かすことのできない存在です。一方でハナバチは、花から得られる蜜や花粉を生活の糧としています。そんなマルハナバチにとって、花を訪問する用事はあっても、葉っぱには特に用事などないはずです。ところが論文によると、そんなマルハナバチが、まだ花が咲いていないトマトの葉っぱに半月型の穴を開ける行動が観察されたというのです。そして葉っぱに穴を開けられたトマトは、予定より1か月も早く花を咲かせたのだそうです。食料が早くほしいマルハナバチは、花粉を運ぶ送粉者が来たことを植物に知らせ、送粉者が近くにいることを知った植物は、受粉のチャンスを逃さないようにするため花を早く咲かせた…と、その論文は結論づけています。ちなみに、人間が穴を開ける実験をしたところ、同じように開花が早まることはなかったとのこと。単なる花粉の運び手ではなく、ハナバチと植物の関係は私たち人間の想像が簡単に及ぶようなものではなさそうです。

ハナバチ

ミツバチ科

マルハナバチ属

トマトの葉に半月型の穴を開ける
マルハナバチ

天然記念物級の希少種
ノサップマルハナバチ

ハナバチ

ミツバチ科

マルハナバチ属

2022年、イギリスの昆虫学者デイブ・グールソンの「サイレント・アース」の訳書が日本で出版されました。マルハナバチの生態研究と保護活動を専門に研究しているグールソンは、この本の中で、世界各地で起きている昆虫の減少に警鐘を鳴らしています。特に彼の専門分野であるハナバチについては、ハナバチによる花粉媒介が生物多様性の維持はもちろんのこと、私たちの食料を生産する要となる行為であることからも、その減少を大きな問題として取り上げています。私たちの暮らすここ日本でも、数が減り、その姿を見る機会が少なくなっている昆虫がたくさんいます。もちろん、その中にはハチも含まれています。特にハナバチの減少により、かつては人が作業をする必要のなかった果物などの農作物の受粉に、人力あるいは薬などを使う人工授粉が必要になるなどの弊害が出てきています。そんな日本のハナバチの中で今もっとも絶滅が危惧される種は、北海道東部のごく限られた場所に生息するノサップマルハナバチかもしれません。根室地方の半島部の狭い範囲でのみ生き残っているノサップマルハナバチは、まさに天然記念物級の生物です。私も参加している研究によれば、血縁関係にあるものどうしの交配、つまり近親交配を行わざるをえないほど、生息数が減少していることもわかっています。また、244ページでご紹介するヨーロッパ原産のセイヨウオオマルハナバチがノサップマルハナバチの生息域に侵入し始めていて、巣の乗っ取りや餌の競合、種間交雑などによる絶滅スピードの加速も懸念されています。日本ではハチに対する関心が薄いこともあり、このような種の保護や天然記念物への指定の動きが遅れているのが現状です。

大家族を養うって大変…ハリナシバチの餌取り合戦

ハナバチ
ミツバチ科
ハリナシバチ亜科

熱帯地域に広く分布するハリナシバチは、世界に約４００種が記録されている、ハナバチの一大勢力です。女王バチを中心とした高度な社会性を有しており、その営みはミツバチ以上に進化していると考える研究者もいます。また、種によっては1万匹にも達するほど大規模な巣（コロニー）を形成するものもいます。これほどの大家族になると、食料の確保も大変です。他のハナバチと同様、蜜や花粉を生活の糧にしているハリナシバチは、よい餌場を見つけると集団でその場所を守るということが知られています。これは別

のコロニーのハリナシバチに対してはもちろんのこと、花に集まってきた他の昆虫に対しても同様で、場合によっては餌場を占拠してしまうこともあるほどです。また98ページで紹介したミツバチのように、他の巣に乗り込んでいって蜜などを奪い取る「盗蜂」行動がハリナシバチでも知られています。そしてヌスミハリナシバチの仲間は、それを専門にしてしまったハリナシバチの種です。ハナバチであるにも関わらず花を訪れることはなく、大挙して他のハリナシバチの巣を襲う習性を進化させたのです。ヌスミハリナシバチが盗むのは蜜だけではありません。幼虫の餌となる花粉や巣の材料など、生活に必要なものを根こそぎ奪っていく徹底ぶりです。大家族を養うって大変なことですね…。

針がない分苦労の多い？ハリナシバチ

ハリナシバチは、アフリカ、東南アジアや南米などの熱帯から亜熱帯地域に分布し、大きな巣で仲間や幼虫とコロニーを形成して暮らしています。182ページでもご紹介したように、非常に高度な社会性を進化させた、ミツバチと同じミツバチ科に属しているハナバチです。ハリナシバチの女王バチは、ミツバチの女王バチと同じように、自身で花を訪れて蜜や花粉を食べるような自活する能力はなく、産卵のみを仕事としています。一方、働きバチは、女王バチが体の中で卵を作る栄養を供給するために、卵を産みます。少しわかりづらいでしょうか？ 言い換えると、ハリナシバチは、「栄養卵」※という女王バチに食べさせるための卵を働きバチが産むという、変わった習性を持っているのです。また、ハリナシバチの巣はロウ成分だけでなく、マツヤニのような植物のベタベタした分泌物をロウに混ぜて巣の材料に使います。そのためか、ハリナシバチは別名「ヤニバチ」と呼ばれることもあります。さて、いまさらな感はありますが、ヤニバチならぬ「ハリナシバチ」という名前、気になりませんか？ 英語でもまったく同じようにスティングレスビー（Stingless bee）＝針のないハチと呼びます。実は、その名の通り、日本人のほとんどの人がイメージする「ハチ＝針で刺す」という、ハチの代名詞とも言える針をなくしてしまったハチなのです。でも、皆さんはご存知でしょうか？ 世界に15万種いると言われているハチの中で、実は全体の4分の3の種は刺しません。つまり、刺すハチはどちらかと言えば少数派なのです。ほとんどのハチは、尾っぽのような組織を産卵管として使っています。一方、スズメバチ、アシナガバチやミツバチなどの一部のハチは、そ

ハナバチ
ミツバチ科
ハリナシバチ亜科

※ハチの仲間は、働きバチはすべてメスなので種類によっては産卵能力を有するものがいる

の管を産卵に使うことを止め、獲物を狩る、あるいは巣を守るための武器、すなわち針へと進化させました。ところが、その武器を再び捨ててしまったハチがいます。それがハリナシバチです。それでは、針をなくしたハリナシバチは、大きな巣やたくさんの仲間をどうやって守るのでしょう？　ハリナシバチ種の中には、巣の材料として利用しているベタベタしたヤニを攻撃相手に投げつけたり、塗りつけたりするものがいます。また、小型のハリナシバチ種の中には、そのサイズを生かして、髪の中に入って頭に齧《かじ》りついたり、耳の中に入り込んで鼓膜を食い破ったりして攻撃するものもいます…針がない分、苦労が多いように思われますが、こんな攻撃を集団でやられたら、これはこれで威力がありそうですね。

COLUMN 4

まるでエイリアン？寄生バチの奇妙な世界

本書を読んでいる方の多くは、「ハチ好き」というより「昆虫好き」の方が多いのではないかと思います。そもそも、少しでも多くの方に「ハチ好き」になってほしいとの思いからこの本をしたためていますので、世の中にそんなにたくさんの「ハチ好き」が存在しているとは思っていないわけですが…。さて、そんな昆虫好きの多くが子供時代に経験されていると思われるのが、「モンシロチョウやアゲハチョウの幼虫を大切に育て、蛹からチョウに羽化する瞬間を心待ちにしていたのに、気づいたら飼育容器の中に小さなハチが何匹もウロチョロしていて、蛹には穴が開いていた事件」です。何を隠そう、私もそんな1人です。心待ちにしていたアオスジアゲハの羽化を小さなハチに邪魔されて、苦々しい思いをしたのは遠い記憶の彼方。いつのまにか、そんな小さなハチの仲間を販売して、農家さんの役に立ってもらう仕事をしていました。

あのアゲハチョウの蛹から出てきたハチは、アオムシコバチと呼ばれる寄生バチの仲間です。寄生バチの幼虫は、他の昆虫の体の一部や体液を餌として成長します。最終的に寄生している相手の体の中を食い尽くし、成虫あるいは終齢幼虫がその体を食い破って出てくる様子は、さながらハリウッド映画の名作「エイリアン」そのもの！　中には、体の中ではなく外側にくっついて体液を拝借するタイプの寄生様式もありますが、それはそれで寄生相手の体に食いついていますから、自分の体に置き換えて考えるとやはりゾッとします。

寄生バチは、15万種とも言われるハチの中でも半分近い7万種、ハチの中で最大のグループを形成しています。ある昆虫種がいれば、必ずその昆虫に寄生する寄生バチがいるのではないかと思えるほど多様です。

寄生バチの多くは、ある程度特定された寄生相手を持っています。これを「寄種特異性」と言います。ただし、1種類の昆虫につき、1種類の寄生バチですむというわけでもありません。冒頭にご紹介したように、チョウやガは幼虫や蛹に卵を産みつけるものが取り上げられることが多いのですが、中には卵に卵を産みつける寄生バチもいます。タマゴバチやホソハネコバチの仲間は昆虫の卵の中で育つため、その体のサイズは1㎜以下と、非常に小型です。世界最小のハチであり、世界最小の昆虫とも言えるハチは、タマゴバチあるいはホソハネコバチの仲間です(124ページ参照)。つまり、寄生される側の昆虫から見ると、ある寄生バチは卵の時代に、ある寄生バチは幼虫の時代に、ある寄生バチは蛹の時代にというように、同じ昆虫種でも成長段階ごとに異なる寄生バチが存在します。また、1年の間に何世代かが繰り返し生まれるアブラムシのような昆虫になってくると、季節によって寄生バチの種が変化するということもあります。どおりで、7万、あるいはそれ以上とも言われる種数になるわけです。またゴキブリヤセバチのように、ゴキブリの卵の中で育つ変わり種(だね)もいます。

寄生相手が昆虫ではない場合もあります。クモに寄生するハチは数多く知られていますが、分類上、クモは昆虫ではありません。また、つい最近ではマダニに寄生する種まで発見されました。また、寄生する対象は同じハチであっても容赦はありません。メタリックグリーンやメタリックブルーの、およそハチとは思えない色彩のセイボウの仲間のほとんどは、カリバチの幼虫を寄生対象にしています。さらに驚くべきことには、寄生バチをターゲットにした寄生バチも存在します。オオモンクロバチは、アブラムシの中で育つアブラバチという寄生バチの幼虫あるいは蛹に卵を産みつけます。このような寄生バチに寄生するハチのことを、二次寄生蜂《にじきせいほう》あるいは高次寄生蜂《こうじきせいほう》と呼びます。

▲ミヤマカミキリの幼虫に寄生する長い産卵管が特徴のウマノオバチ

▲マメコバチの幼虫などに寄生するシリアゲコバチ（背面の鞘から産卵管を出した様子）

第6章

利用し利用され？植物とハチの不思議な関係

SOS！救難信号で用心棒を呼ぶ カリヤサムライコマユバチ

寄生バチ
コマユバチ科
サムライコマユバチ亜科

植物とハチの関係は、私たち人間が簡単に想像できるほど単純ではありません。ここで、植物とハチのパートナーシップの1つをご紹介しましょう。それは、植物がハチを用心棒にしているのではないか？　というお話です。バッタの仲間やチョウ、ガの幼虫のように、植物の葉を餌としている昆虫はたくさんいます。植物の側からすると、自分の体の一部を食べてしまう昆虫は迷惑な存在です。しかし、植物は昆虫や動物のように手足を使ったり、移動して逃げたりすることができませんから、この厄介者を自分で追い払うことはできません。ところが、どうやら植物が、厄介者退治を他者に依頼しているらしいということがわかってきたのです。例えばガの幼虫が葉っぱを食べると、そこから匂いが出ます。葉の中にはいろいろな化学物質が含まれているため、食べられた傷口からそれらが匂いとなって放出されます。例えばアワヨトウというガの幼虫は、トウモロコシの葉を食べるため、農家さんにとっては厄介な存在です。そんなアワヨトウがトウモロコシの葉を食べると、特殊な匂いが分泌されます。しかし人間がトウモロコシの葉をちぎっても、同じような匂い成分は分泌されません。アワヨトウの幼虫に卵を産みつける寄生バチの一種、カリヤサムライコマユバチは、この特殊な匂いを嗅ぎつけることができます。そして、この匂いをたどっていけば、コマユバチは寄生相手であるアワヨトウを見つけることができるのです。これは、トウモロコシが自分の身に危険が及んだことを察知して、アワヨトウを駆除してくれる言わば用心棒のようなコマユバチを呼び寄せているのではないか、と考えている研究者もいます。植物も、黙ってやられっぱなしではないということでしょうかね。

アワヨトウの幼虫がトウモ
ロコシの葉を食べるとコマ
ユバチを呼び寄せる匂い
成分が分泌される

うらやましい？生涯を果物の中で イチジクコバチ

寄生バチ

イチジクコバチ科

Urostigma 亜属など

皆さんは、イチジクはお好きでしょうか？ 私は生で食べるのも、ドライフルーツとして食べるのも、両方とも大好きです。イチジクは、漢字で「無花果」と書きます。通常、果物のような実を成らせる植物は花が咲きます。しかし、イチジクには花が見当たらないということで「無花果」の漢字が充てられました。それもそのはず、イチジクは実のように見える部分がたくさんの花の集まりからできていて、肥大した「花たく」と呼ばれる内側に花があるのです。イチジクの仲間には、それぞれ専属のイチジクコバチ科のハチがいます。それら2㎜ほどの小さなメスバチがイチジクの実から実を移動することで、花粉を運びます。コバチの移動の目的は、産卵です。イチジクコバチの幼虫は、実の内側に咲いている花の根元にある、子房と呼ばれる組織を食べて育ちます。羽化してきた成虫の中には、翅のないオスバチもいます。移動できないオスバチの役割は、羽化した実の中でメスバチと交尾を行い、実の先端にメスバチが脱出できる穴を開けることです。オスバチは、生まれ育ったイチジクの実の中で、外に出ることなく生涯を終えます。美味しい果物の中で一生を過ごす。うらやましいような、そうでないような…。ここで、「イチジクを食べる時に、イチジクコバチのオスも一緒に食べているのでは？」と思った方がいるかもしれません。海外産のドライイチジクの中に見つかることはあるようですが、体長2㎜の小さな虫ですし、人体への影響はありません。また、主に生食で食べることの多い日本のイチジクは、コバチの受粉に頼らなくても実が大きくなるように品種改良されています（これを「単為結果」と言います）。ハチを一緒に食べてしまうことはないので、ご心配なく。

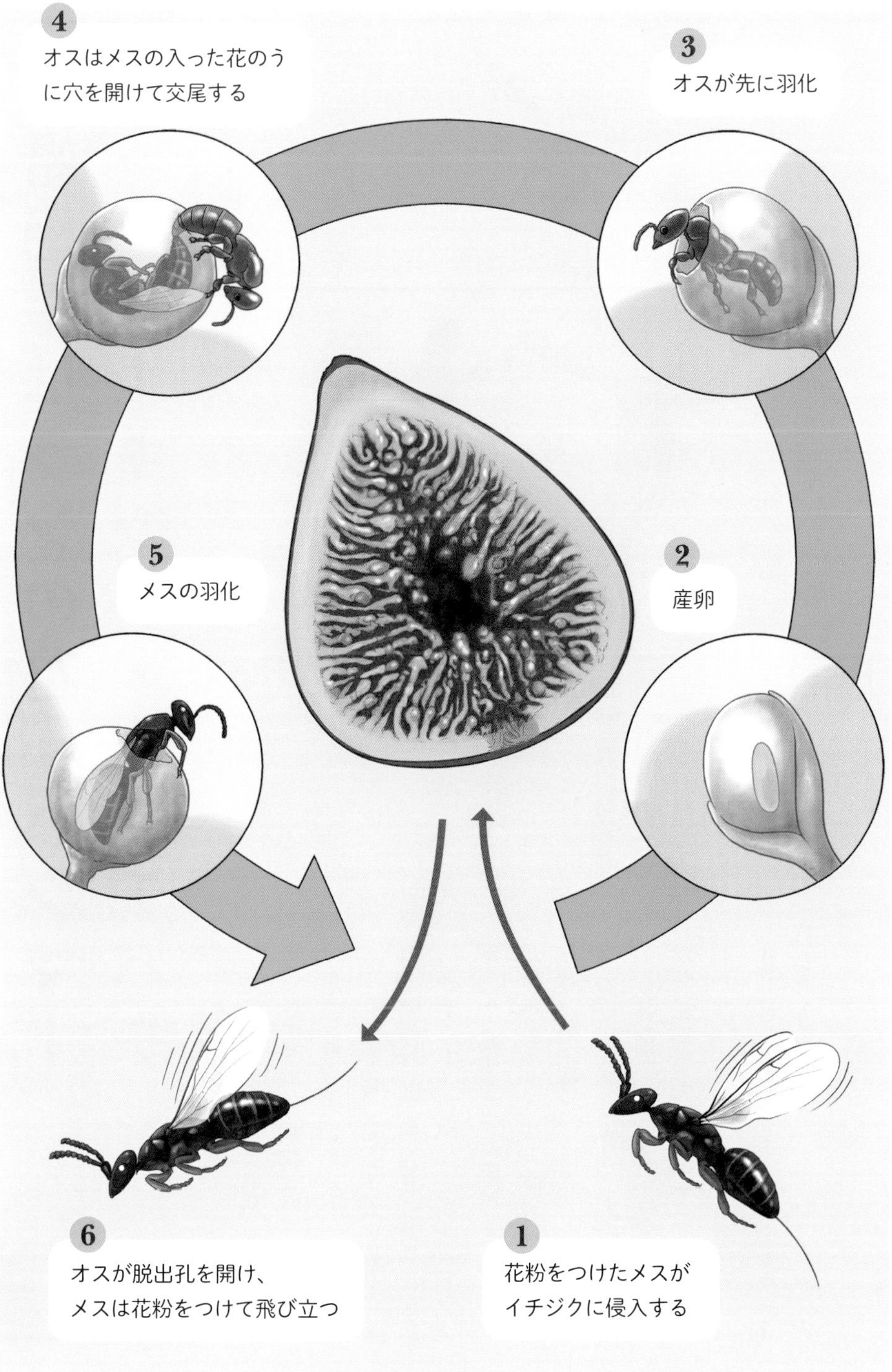
1
花粉をつけたメスが
イチジクに侵入する
2
産卵
3
オスが先に羽化
4
オスはメスの入った花のう
に穴を開けて交尾する
5
メスの羽化
6
オスが脱出孔を開け、
メスは花粉をつけて飛び立つ

結婚相手はランの花 ハンマーヘッドオーキッド×コツチバチ

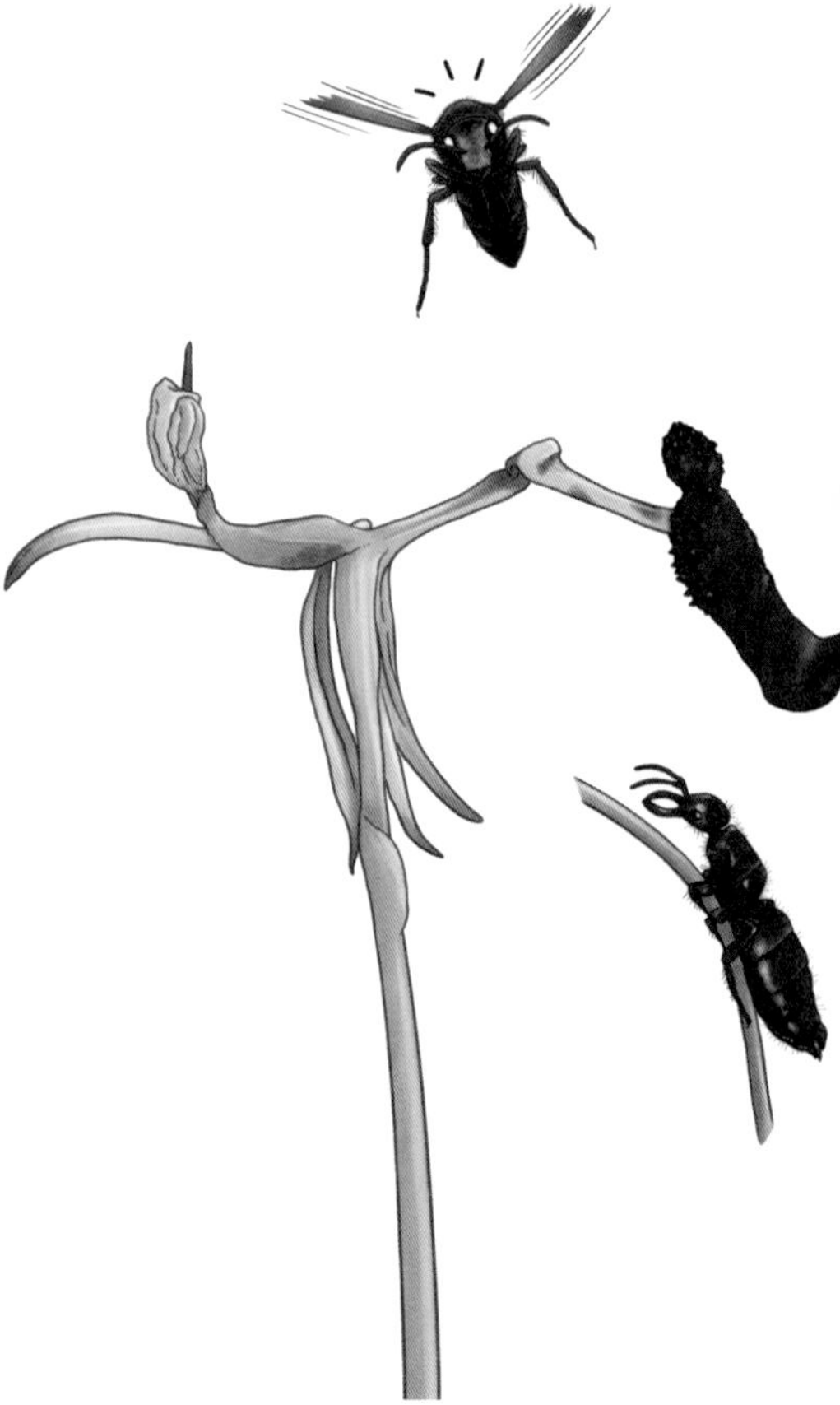

カリバチ

コツチバチ科

コツチバチ亜科

生物関連の書籍でも取り上げられることの多い、植物とハチの複雑で不思議な関係。どちらか一方ではなく、利用し合うことで互いに利益を得る関係として紹介されることが多いようです。しかし、オーストラリアに生息するコツチバチと、ハンマーヘッドオーキッドというランの仲間との関係は、そうでもなさそうです。コツチバチは、土の中で生活するコガネムシの幼虫の体内で育ち、羽化すると土から這い出てきます。オスのコツチバチはメスより先に羽化して、あとから羽化してくるメスを待ち受けます。メスのコツチバチ

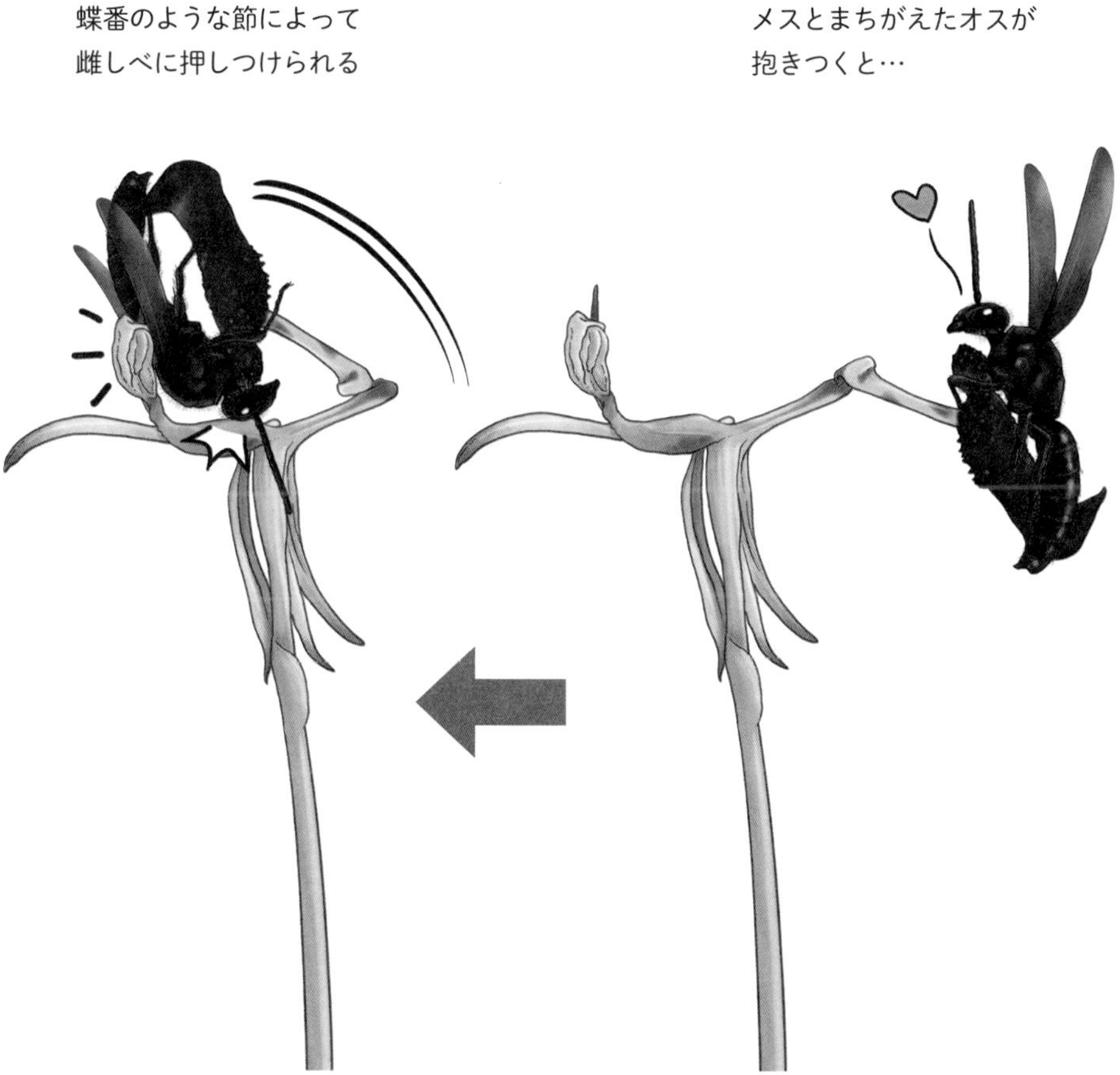
メスとまちがえたオスが
抱きつくと…
蝶番のような節によって
雌しべに押しつけられる

には翅がなく、土から這い出てくると枝先をよじ登り、先に羽化して飛び回っているオスを誘うフェロモンを分泌します。オスのコツチバチは、枝先に止まったメスを抱えて飛び去り、交尾します。そんな、枝先で交尾相手のオスを待つコツチバチのメスをマネた花。それが、ハンマーヘッドオーキッドです。ハンマーヘッドオーキッドは、メスにそっくりな容姿に加え、フェロモンそっくりな匂いまで用意して、オスを誘います。オスは花の一部をメスと勘違いして抱え込み、飛ぼうとします。その飛ぼうとした反動で、蝶番状になった花の一部が折れ曲がり、オスの背中に花粉がくっつくしくみになっています。何のご褒美もないままオスに受粉の役を担わせるのが、ハンマーヘッドオーキッドの作戦です。

ぴったりフィット①
パッションフルーツ×クマバチ

ハナバチ
ミツバチ科
クマバチ属

地球上に花を咲かせる植物＝被子植物が誕生したのは、1.3〜1.4億年ほど前と推定されています。そして、花が作り出す花粉を餌として利用するハナバチの誕生は、近年の琥珀※の研究から、約1億年前と推測されています。花はハナバチに花粉をたくさん運んでもらうために甘い蜜で誘い、ハナバチはより多くの蜜や花粉を与えてくれる花を選ぶ…。そんなお互いを利用したり、利用されたりする関係が、この地球上で1億年も前から繰り広げられてきたのです。このような関係を「共進化」と言います。そして共進化の過程で、花もハナバチも、形や習性を様々に進化させてきました。現在、植物の花に多くの色や形があり、多様なハナバチがいるのは、その結果です。このように多様性に富んだ共進化の関係には、互いに得をする関係もあれば、どちらか一方に有利な関係、あるいは片方はまったく得をしない関係もあります。それでは、パッションフルーツとハナバチの関係はどうでしょうか？ パッションフルーツは、トケイソウの仲間です。パッションフルーツの花の真ん中からは、大きな雄しべと雌しべが突き出しています。開花した時は直立している雄しべと雌しべは、1〜2時間もすると、噴水の水の軌跡のように、花びらに向かって下向きに垂れ下がります。正面から見ると、この垂れ下がった雄しべと雌しべの形が時計の針を連想させることから、トケイソウの名前がつきました。そして、こうした特徴的な雄しべと雌しべの形が、パッションフルーツにとっての戦略なのです。蜜を求めてやってきたハチが花びらの上に乗り、雌しべや雄しべの根元のくぼみを覗き込むと、その背中にちょうど雄しべや雌しべが触るようになっています。下向きに垂れ下がった雄しべですが、雌し

※植物の樹脂、つまりヤニなどが固まって化石になったもの。太古の昆虫が綺麗に閉じ込められていることがある

べのある花びらからは、ミツバチなど他のハナバチでは高すぎて届きません。でも、大型のハナバチであるクマバチの仲間が花びらの上に乗ると、ぴったりフィット。クマバチの背中には花粉がべったりと付着します。そして花粉がたっぷりとついた背中で、花びらの上を動き回ったり、他のパッションフルーツの花を訪れたりすると、今度は雌しべに花粉がつけられるというしくみです。当のクマバチは蜜を手に入れられたからよいのでは？　いえいえ、パッションフルーツの花は気まぐれで、必ずどの花にも蜜があるとは限りません。それに、本当は花粉もほしいのに、背中についた花粉はうまく集めることができません。花とハチの共進化には、実に巧みなしくみが施されているのです。

ぴったりフィット②
サクラソウ×トラマルハナバチ

ハナバチ

ミツバチ科

マルハナバチ属

近年、春になると多くの園芸店で見られるようなったサクラソウの仲間。日本では古くから栽培が盛んで、江戸時代にはたくさんの品種が作り出されたのだそうです。今ではご家庭の庭やベランダでごく普通に見ることができるサクラソウですが、野生に自生しているものを見る機会は少なくなっています。環境省のレッドリストでは「準絶滅危惧種」に分類され、埼玉県にある大きな群落※の自生地は、国の特別天然記念物に指定されていたりします。そして、こうしたサクラソウが繁殖するために必要不可欠なパートナーが、トラマルハナバチの女王バチです。サクラソウは、地下茎を伸ばしながら自身のクローンを作り、増えていきます。その一方で、トラマルハナバチの花粉媒介によって種子繁殖も行います。サクラソウの花には、桜のような花びらから下方に長〜くのびた距があり、花びらから距の奥底にある蜜までは13㎜ほどの距離があります。その途中には雌しべと雄しべがあり、雌しべが長く雄しべが短い「長花柱花（以下Aタイプ）」と、反対に雌しべが短く雄しべが長い「短花柱花（以下Bタイプ）」の2つのタイプに分けられます。このAタイプとBタイプの花粉がそれぞれ逆のタイプの雌しべに運ばれ受精することによって、クローン繁殖だけでは損なわれてしまう遺伝的な多様性を維持していると考えられています。サクラソウの花が咲く春、冬眠から目覚めたトラマルハナバチの女王バチは、蜜を求めてサクラソウを訪れます。花の入り口から13㎜も奥にある蜜を、トラマルハナバチは吸うことができるのでしょうか？　ここに、自然界の計算しつくされた妙が存在します。実は、トラマルハナバチの女王バチの舌の長さはちょうど13㎜。サクラソウの花の長さ（高さ）

※一定の範囲にまとめて群生している植物のまとまりのことを群落と言う

にぴったりフィットしています。トラマルハナバチの女王バチがサクラソウの花に長い舌を差し込むと、Aタイプの花では、舌の先端に花粉がつきます。逆にBタイプの花では、舌の根元に花粉がつきます。それぞれのタイプの花の花粉は、トラマルハナバチの女王バチの舌の上で混ざり合うことなく運ばれ、舌の先端についたAタイプの花粉は、雌しべの短い、つまり花の下の方にあるBタイプの花の雌しべに届けられます。一方、舌の根元についたBタイプの花粉は、雌しべの長い、つまり花の上の方にあるAタイプの雌しべに届けられるというしくみです。花の咲くタイミングといい、花の構造といい、トラマルハナバチの女王バチに合わせて作られたかのような、相性ぴったりの関係です。

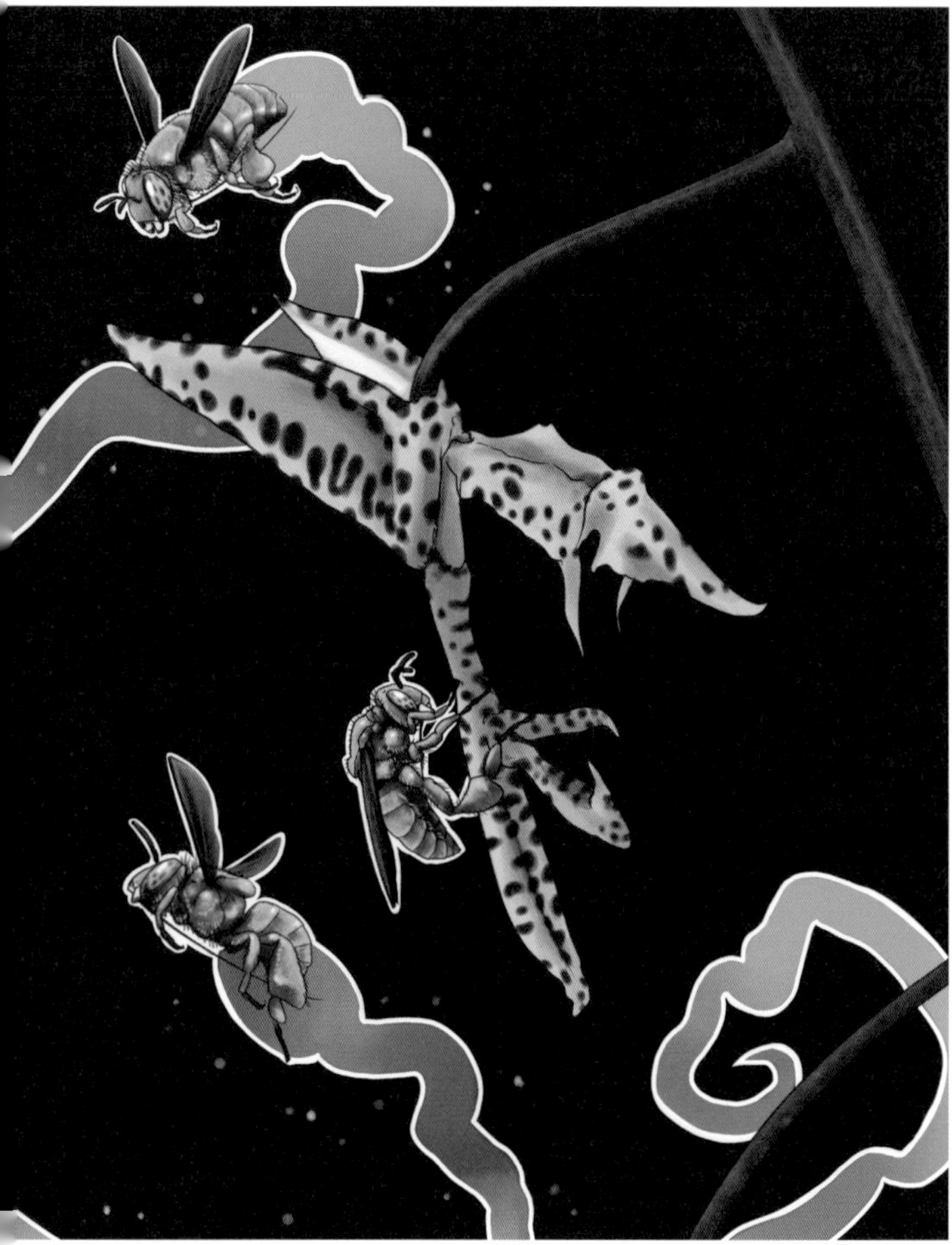

花の匂いでプロポーズ ランの花×シタバチ

ハナバチ

ミツバチ科

シタバチ亜科

ハナバチと花は、蜜や花粉を食糧として集めたいハチと花粉を雌しべに運ばせたい花の間に、複雑かつ巧妙な、とても深い関係を生んできました。しかし、中、南米に生息するコバルトブルーやエメラルドグリーンに輝くシタバチとランの花の間には、事情の異なる関係が見られます。シタバチが訪れるランの花は、花粉を媒介してくれるハチへの報酬として、花蜜は出しません。またその花粉も、花粉塊と呼ばれる塊状になっていて、食糧としては利用できません。それではなぜ、シタバチは用事のなさそうなランの花を訪れるので

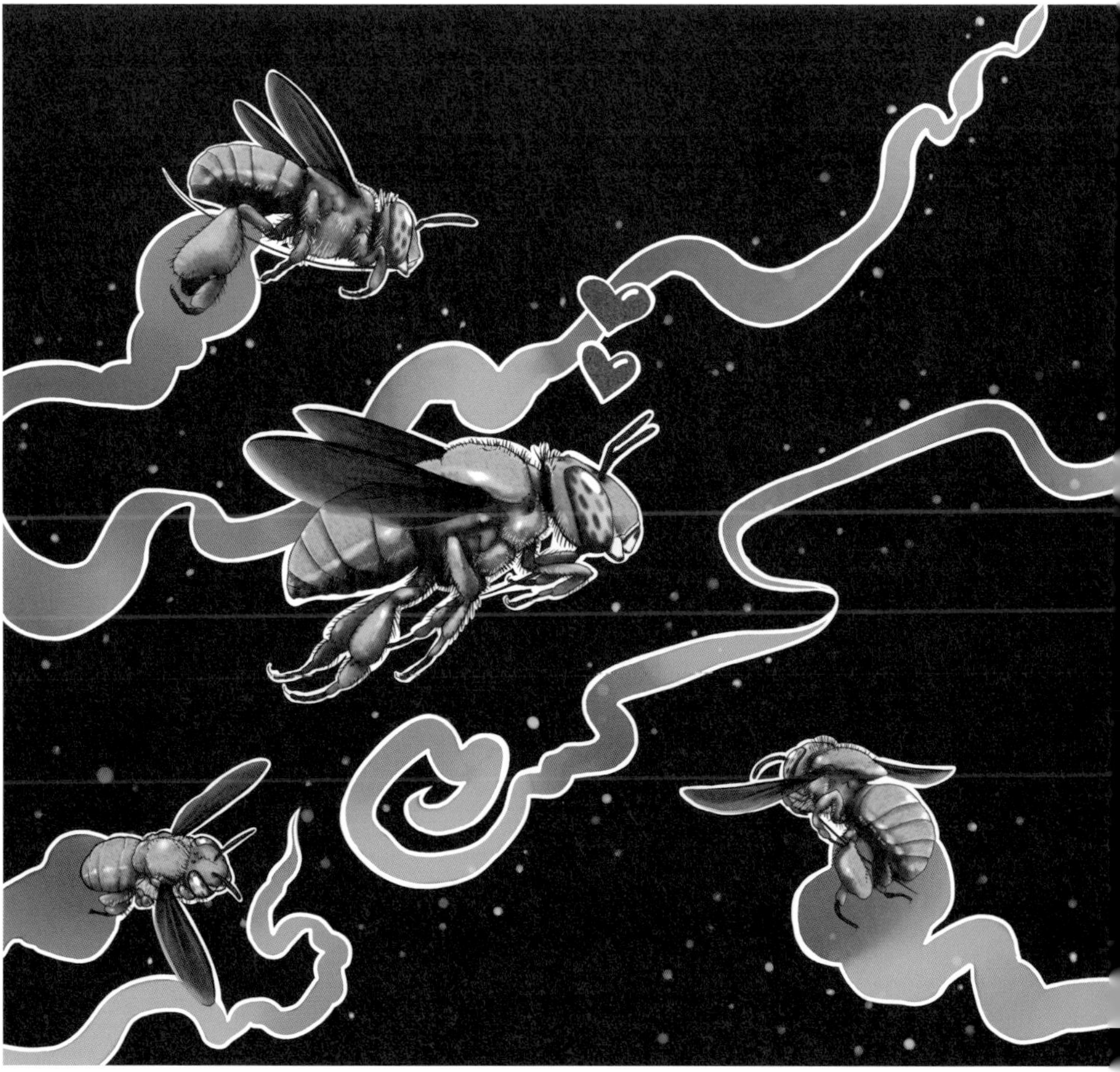

しょうか。しかも、ランの花を訪れるのは食糧を集めるメスではなくオスなのです。オスたちがランの花を訪れる目的は、香りです。シタバチのオスの後ろ足には、大きな袋のような構造のふくらみがあります。ランが作り出す芳香性の物質をその中に集めるために、オスたちはランの花を熱心に訪れます。では、何のために香りを集めるのでしょうか？シタバチのオスは、「レック」と呼ばれる、言わばダンス会場のような場所に集まります。そこで飛び回りながら、集めてきたランの香りをまき散らし、メスにアピールするのではないかと考えられています。キラッキラのハチが、いい香りをまき散らしながら華麗に飛び回る…。ヒトの女性でも、こんなプロポーズをされてみたくありませんか？

どうしてそんな形を思いついた？ クマガイソウ×マルハナバチ

ハナバチ
ミツバチ科
マルハナバチ属

皆さんはクマガイソウという、とても奇妙な形の花を咲かせるランをご存知でしょうか？　クマガイソウは、全国の低山の森林、竹林や杉林など、本来は私たちの身近に自生していた植物ですが、現在は環境省が定めるレッドリスト※の絶滅危惧種Ⅱ類に指定されています。近年は保全活動も盛んで、目にする機会が増えつつあります。ただ、クマガイソウは、人が植えても勝手に増えてくれません。クマガイソウの繁殖には、マルハナバチの、しかも女王バチが必要なのです。その秘密は、奇妙な花の形にあります。クマガイソウの花は、大きく袋状に膨らみ、垂れ下がった花弁（唇弁）が目を引きます。この袋状の唇弁の中心には穴が開いていて、マルハナバチの女王バチは、蜜や花粉を求めてこの穴の中に入っていきます。ところが、クマガイソウには蜜がなく、花粉も見当たりません。唇弁の中に侵入した女王バチは報酬のないクマガイソウの花から出ていこうとしますが、入った穴からは出られません。一方通行になっている唇弁の中で、唇弁の上部に空いた開口部を目指すしかないのです。そして、この開口部には邪魔な突起物があり、脱出のためには、この突起物を押しのけて通るしかありません。突起物を背中で押しのけながら女王バチが苦労して出てくると…その背中には、何やら白っぽい自転車のヘルメットのようなものが付着しています。これは、クマガイソウの花粉です。ラン科の多くの植物は、花粉を塊にして、ハチなど送粉者の体の一部にくっつけて運ばせるための工夫をしてきました。「花粉が見当たらない」と書いたのは、これが理由です。さて、背中についた邪魔な花粉塊ですが、6本の脚を駆使しても取れません。花粉塊を取るには、別のクマガイソウの中に入っ

※国際自然保護連合（IUCN）が作成した、絶滅のおそれのある野生生物のリストのこと。
環境省が作成した「絶滅のおそれのある野生生物の種のリスト」も同じ名前で呼ぶ

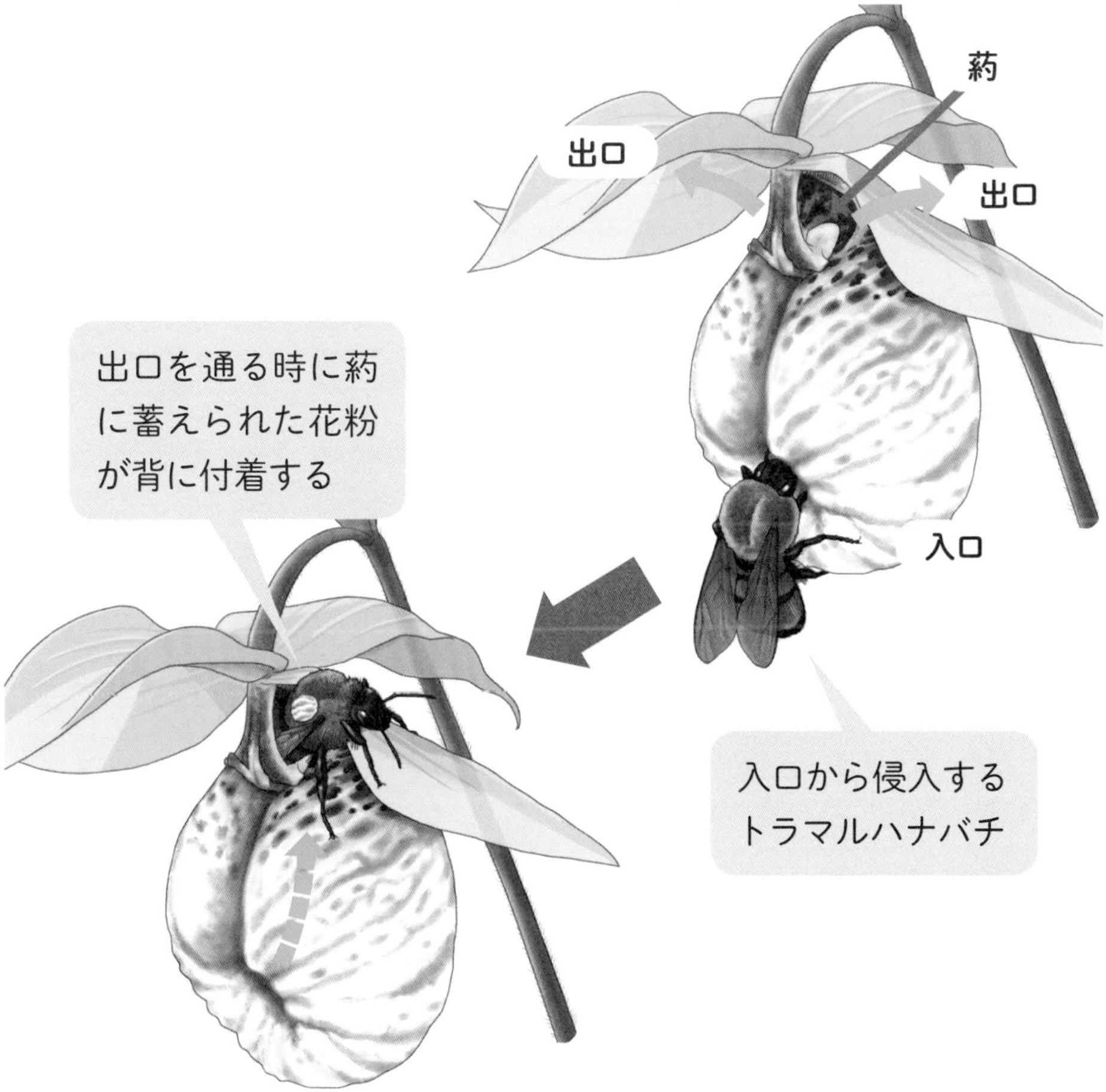
葯
出口
出口
出口を通る時に葯に蓄えられた花粉が背に付着する
入口
入口から侵入するトラマルハナバチ

て、先ほどの開口部の突起物に隠された雌しべに花粉塊を渡すしかありません。しかし、女王バチはすでに、クマガイソウに報酬がないことを覚えたはずです。それでもクマガイソウに入ってしまうのは、なぜでしょう？ クマガイソウが咲く4月、マルハナバチの女王バチは冬眠から目覚め、巣を作る場所である地中の空洞を探します。つまり、斜面や地面の空洞に入るための穴を探しているわけです。なんと、クマガイソウの唇弁の穴はこの巣穴を見立てたものなのではないかと、玉川大学の小野正人教授らは推測されています。マルハナバチの女王バチが巣穴を探していることを、なぜ植物のクマガイソウが知ることができたのでしょう？ 生物の進化とは、神秘に満ちていますね。

さあ、寄ってらっしゃい キンリョウヘン×ニホンミツバチ

ハナバチ
ミツバチ科
ミツバチ属

日本には、在来種のニホンミツバチが分布しています。このニホンミツバチがなぜか集まってしまう、不思議なランがあります。それが、キンリョウヘンです。このランが咲くと、蜜や花粉を集めることが仕事である働きバチはもちろんのこと、本来は花に来ることのないオスバチまでも集まってきます。集まりすぎて、時には大集団になってしまうこともあります。しかし、キンリョウヘンはなぜ大人気なのでしょうか？ ミツバチが好きな蜜や花粉がたくさんあるから？ いえいえ、原因は匂いです。といってもキンモクセイのように、私たちがよい匂いと思うようなものではありません。ナサノフ腺というミツバチの体の器官から分泌される、ニホンミツバチだけに通じる合図、「集合フェロモン」にそっくりな成分の匂いを出しているのです。つまり、「みんな集まれ〜」という合図に利用されている匂いがキンリョウヘンから漂ってくるので、集まってしまうというわけです。では、ニホンミツバチを大量に集めたキンリョウヘンの目的は何でしょうか？ キンリョウヘンは、花から蜜を出しません。花粉も、花粉塊と呼ばれる大きな塊になっていて、ミツバチが幼虫の餌として利用することができません。集まってきたニホンミツバチも、時おり花の中に頭を突っ込んだりするだけで、花から蜜や花粉を集めるような行動はしません。しかし、花の中に頭を突っ込んだニホンミツバチの背中には、花粉塊がしっかりと付着しています。そのハチが別の花に行くと、その花粉塊は別の花に受け渡されます。そう、キンリョウヘンは受粉をさせるために、たくさんのニホンミツバチを集めていたのです。これが、園芸店でキンリョウヘンを「蜜蜂蘭」という名前で売っている由縁です。

花粉塊

COLUMN 5

紫外線を利用した花とハナバチの情報交換

ハナバチは、花から得られる蜜や花粉を生活の糧にしています。一方の植物側からすると、ハナバチは花粉を雌しべの先端に運んで（＝受粉）くれる、重要な存在でもあります。このような役割を担う生物を、「送粉者《そうふんしゃ》」と呼びます。送粉者は、多様な植物の繁殖や農作物の結実を手伝い、生態系を維持していくのに欠かすことのできない存在なのです。こうした両者の関係において、ハナバチは花から効率よく食料を集めたいと思っています。一方の植物は、他の植物よりも優先的に花を訪れてもらい、花粉を運んでほしいと思っています。このように、お互いを利用し合い、かつお互いに利益のある関係を「相利共生（そうりきょうせい）」と言います。また、相利共生の関係をさらに高めるための進化のことを、「共進化（きょうしんか）」と言います。

こうした共生関係の中で生まれた、ハナバチと植物（花）の間で交わされる特殊で巧妙な合図が、ネクターガイド（あるいはガイドマーク）です。このネクターガイドは、花が食料のありか、もしくは訪れてほしい場所を視覚的にハナバチに指し示すサインです。このサインは、私たち人間の肉眼では見ることができません。なぜなら、このサインには私たち人間の眼では認識できない紫外線が利用されているからです。しかし、ハナバチの眼の視覚細胞を調べた研究から、ハナバチは紫外線を認識できることがわかっています。サインの出しかたは花によって多種多様ですが、典型的な例として、紫外線を反射して花びらを明るく目立たせる方法があります。その一方で、花粉や蜜のある場所、もしくは訪れてほしい場所では紫外線を吸収させ、はっきりとした濃い色に浮き出させることで、ハナバチに餌資源となる花とその中でもっとも訪れてほしい場所を示しています。

一方、私たち人間は見ることができる赤色を、ハナバチは認識することができません。赤色の花の中にはチョウは好んで訪れるのに、ハナバチは見向きもしない花が少なくありません。もちろん、ハナバチには紫外線ばかりが見えているわけではなく、紫外線と同じようによく認識できる色＝好きな色もあります。マルハナバチを利用した実験では、眼の細胞を調べた結果と呼応するように、青色と黄色の花を好んで訪れることがわかっています。紫外線が見えることで、私たちが見ている花の色とはまったくちがう景色が、ハナバチには見えていることはまちがいありません。紫外線によって花粉が光るという研究成果もあり、紫外線を介した花とハナバチの視覚的なコミュニケーションは、我々研究者を飽きさせることがありません。紫外線以外にも、花の形、香りや蜜を出す時間帯など、花とハナバチの間には多様な情報のやり取りがあります。私たち人間の理解が及ばないことが、まだまだたくさんあるのです。

▲可視光と紫外線透過フィルターでハチが視認しているネクターガイドを撮影した様子。アキノノゲシの花弁は色の変化がないように見えるが中心部にネクターガイドがはっきりと見える（上段）。ノハナショウブはハチに道筋を示すような模様になっている（下段）

▲トラマルハナバチは、タマガワホトトギスの花弁の中でも紫外線を吸収している（白い矢印）部分を目指して舌を伸ばし、蜜を吸う。それにより、トラマルハナバチの背中に雌しべと雄しべが当たる構造になっている

第7章

切っても切れない！ハチに関わる生き物たち

数千個の卵を産むギャンブラー ツチハンミョウ

ツチハンミョウは、あの有名なファーブル昆虫記にも登場する奇妙な昆虫です。甲虫の仲間ですが、翅よりも腹部の方が大きく、翅が体の半分しかないように見えます。飛ぶことはなく、地面を歩き回っています。また毒を持つ昆虫として知られ、不用意に触ると水膨れなどを引き起こすことがあります。さらには、カブトムシやチョウのような完全変態※ではなく、幼虫の時代に形態が4回も変化する、「過変態」をする昆虫としても知られています。え？　ハチとどういう関係があるのかって？　これは失礼しました。ツチハンミョウの幼虫は、ハナバチの卵や、ハナバチの幼虫の餌として用意された花粉ケーキなどを食べて成長する、ハナバチにとっての天敵なのです。そして、ツチハンミョウをさらに奇妙な昆虫にしているのが、ハナバチへの寄生の方法です。地中に産みつけられた卵からふ化した1齢幼虫は、植物によじ登り、花の中に忍び込みます。身を潜めている花にハナバチが訪れると、その体に飛び移り、ハナバチの巣へと運ばれて、餌にありつき成長することができるというわけです。しかし、飛びついた相手がハナバチのオスだったり、ましてやハナバチ以外の昆虫だったりした場合、その幼虫は餌となるハナバチの卵や花粉ケーキにたどり着くことができません。「可愛い子には旅をさせよ。」という古くからの教えもありますが、生まれたての幼虫が、飛びついた相手次第でその後の生死が決まってしまうなんて、なんとギャンブラーな生存戦略。運まかせにも程《ほど》があります。そんな行き当たりばったりの生存戦略のためか、ツチハンミョウの産卵数は昆虫の中でも群を抜いて多いことで知られています。

関係生物

ツチハンミョウ科

ツチハンミョウ亜科

※昆虫が幼虫の時とあまり変わらない形状で、脱皮を繰り返しながら成虫になることを不完全変態、幼虫と成虫がまったく異なる形状をしていて、成虫になる前に蛹という段階を経てから成虫になることを完全変態と言う

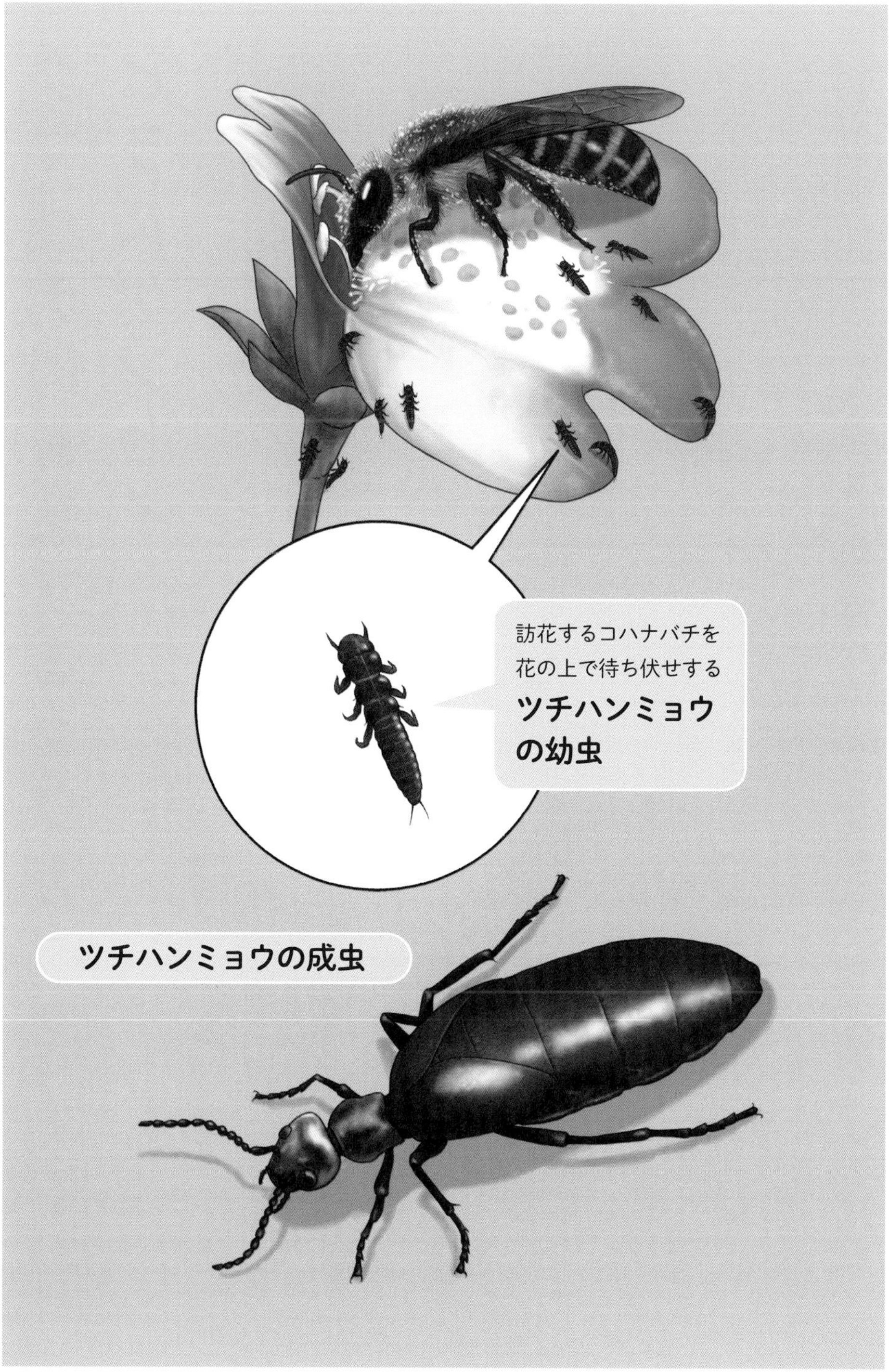
訪花するコハナバチを
花の上で待ち伏せする
ツチハンミョウ
の幼虫
ツチハンミョウの成虫

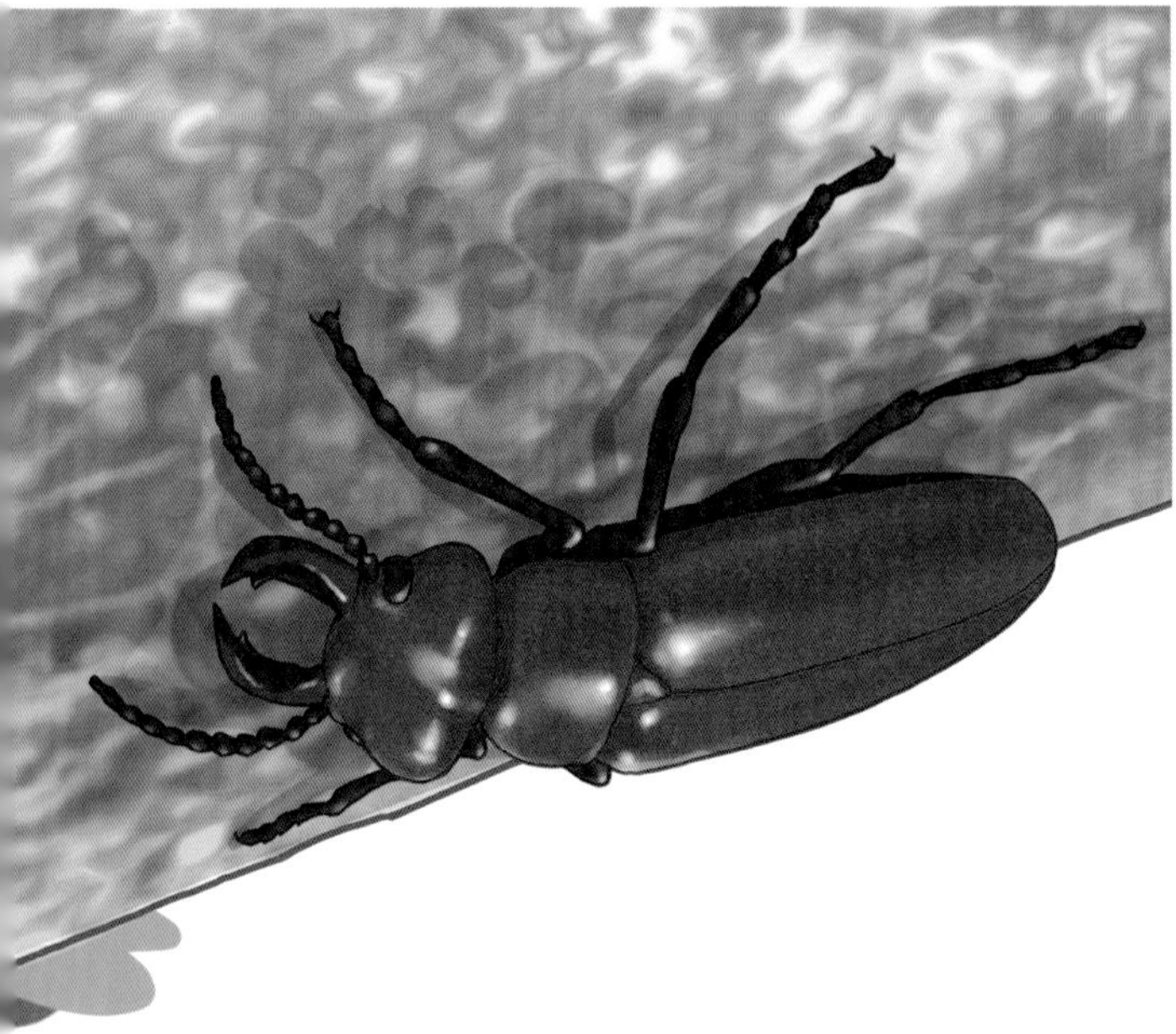

クマバチに寄生するクワガタ？ ヒラズゲンセイ

関係生物
ツチハンミョウ科
ゲンセイ亜科

この本の読者には、ハチよりもクワガタが好き！ という方がいらっしゃるかもしれません。お待たせしました。一目見たらオレンジ色のキレイなクワガタに見える昆虫のお話です。残念ながらクワガタではありませんが、見た目はクワガタのような大きなキバを持ち、体色は鮮やかなオレンジ色です。その名を、ヒラズゲンセイと言います。ヒラズゲンセイはとても希少な昆虫なので、お目にかかることがあれば、「新種のクワガタ！」と思われてもおかしくはありません。ヒラズゲンセイは、1936年に高知県で発見されま

した。主に四国や九州に分布しているようですが、近年では近畿地方でも見つかるようになってきています。ハチとの関係は、ヒラズゲンセイの幼虫がクマバチに寄生することがわかっているだけで、詳しい生態はまだ解明されていません。もちろん、クマバチはヒラズゲンセイが自分の天敵であることを知っていますから、ヒラズゲンセイが巣に近づいてくると、巣の入り口をお尻で塞いだりする行動が観察されるそうです。まだまだ謎の昆虫、ヒラズゲンセイ。でも、見つけても手だしは無用です。ヒラズゲンセイはその仲間であるツチハンミョウなども含めて、体の表面から毒を出すことが知られています。捕まえて強く触るとかぶれてしまうことがあるので、ご注意ください。

寄生した相手のやる気をなくす スズメバチネジレバネ

関係生物

シミネジレバネ科

Xenos 属

スズメバチネジレバネという昆虫は、非常に特殊な生態を持っています。その外見は、黒いガや、翅の大きなハエかハチのようにも見えます。しかし翅があるのはオスだけで、メスはスズメバチの体の中で一生を終える寄生者です。ネジレバネの幼虫は、樹液などの餌場でスズメバチを待ち構えています。そしてやってきたスズメバチに飛びついて、巣まで運ばれていきます。巣にたどり着くと、今度はスズメバチの幼虫の体の中に侵入します。この侵入した相手こそ、ネジレバネの生涯のパートナー。幼虫時代をともにしながら成長し、スズメバチが成虫になっても、自分はパートナーの体の中に居座ります。スズメバチの体の中で蛹になり、羽化してからも、同じ体の中で一生を送ります。

一方、ネジレバネに寄生されたスズメバチの方は大迷惑です。ネジレバネに寄生された新女王バチやオスバチは、繁殖能力を失ってしまうことがわかっています。しかも、働きバチが寄生されてしまった場合、働きバチの労働意欲まで失わせてしまうというのです。ネジレバネに寄生されて労働意欲を失った働きバチは、1～2週間何もせず、ただボ～っとしています。その後、フラフラっと巣から離れ、二度と巣に帰ってくることはなく単独で生活するのだそうです。スズメバチのように、集団で役割を分担しながら社会性の生活を営む昆虫にとって、労働をするカースト※の存在なくして、その巣の繁栄はあり得ません。働かない働きバチが増えてしまうことは、巣の発展にとっては致命的なのです。それにしても、ただ寄生するだけではなく、働きバチのやる気までなくしてしまうなんて、どうしてそこまでする必要があるのでしょう？　まだまだ謎は尽きません。

※社会性の生活を営む昆虫で、その役割が分かれ分業していることをカーストと言う

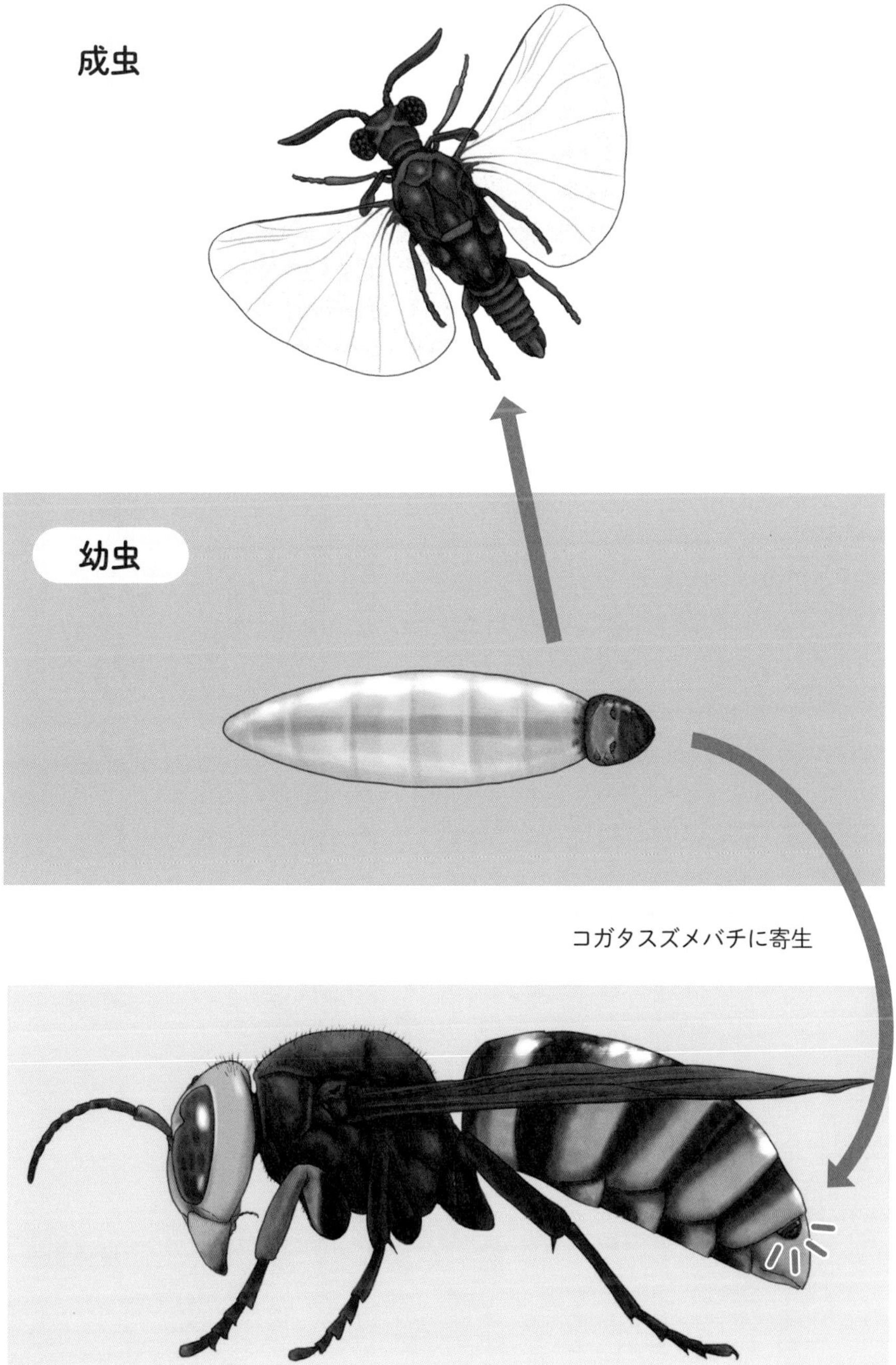
成虫
幼虫
コガタスズメバチに寄生

木の上の覇権争い オオスズメバチvsカブトムシ

子供の頃、クヌギやコナラの樹にとまっているカブトムシやクワガタを探していると、いやがおうでもお目にかかったのがスズメバチです。黄色や橙色と黒の縞々に大きな複眼とアゴを持ち、ブンブンと不気味な音を立てながら樹液の周辺をうろつき回るスズメバチは、おっかないし、邪魔な存在です。そんな時、大きなツノを振りかざし、オオスズメバチを追い払ってくれるカブトムシの姿を目の当たりにして、まさに昆虫界の王者！　と尊敬の念を抱いた人も多いのではないでしょうか。大きなツノに、頑丈な鎧（外骨格）。威風堂々としたその姿は、大人になった今でも森の中で出会うと心が躍ります。と、文章をしたためていたら、驚くべき研究報告が飛び込んできました。それは、「カブトムシが夜行性になったのはオオスズメバチが原因ではないか？」というものです。「えっ？　えええ〜！」

山口大学の小島渉先生の研究によれば、日が昇り、オオスズメバチが活動できるようになる明け方、樹液場で食事をしているカブトムシのところにオオスズメバチがやってきて、カブトムシを攻撃するのだそうです。樹にしっかりとしがみついているカブトムシの脚を狙って噛みつき、数分のうちに樹液場を乗っ取ってしまう様子が観察されたのです。さらに、実験でオオスズメバチが樹液場に来られないようにすると、カブトムシは日中でも樹液場にとどまっていることがわかったのだそうです。そこから推測されるのは、カブトムシが主に夜間行動するのは、厄介なオオスズメバチに邪魔をされなくてすむからではないか？　ということらしいのです。あれあれ…王者カブトムシの栄光は…真の王者はオオスズメバチなのでしょうか？　その答えは、さらなる研究の進捗を心待ちにしましょう。

関係生物

コガネムシ科

カブトムシ属

どうしても入りたくなっちゃう…メンガタスズメ

関係生物
スズメガ科
メンガタスズメ属

自然界には、まだまだ私たち人間の理解が及ばない不思議な現象がたくさんあります。なぜそんな行動をするのか、その行動はどんな意味を持つのか、解明できていないこともたくさんあります。そんな行動の意味を解き明かして、生物の、自然界の不思議を1つずつ明らかにしていくのが科学の役割ですが、ここで読者の皆さんにも一緒に考えていただきたい謎があります。それは、メンガタスズメあるいはクロメンガタスズメというガの仲間の、謎めいた行動です。メンガタスズメは大型のガで、背中に特徴的な模様があります。その模様は一見ドクロマークのようにも見えて、夜行性であることも相まって少し不気味な雰囲気を持つガです。映画好きの方には、「羊たちの沈黙」のポスターで主演女優さんの口元に描かれていたガ、と説明するとピンとくるかもしれません。そしてこのガの仲間の謎めいた行動として、夜な夜なミツバチの巣に忍び込むという奇行が報告されているのです。「奇行」とした理由は、ミツバチを飼育する養蜂家さんが一夜明けて確認すると、ボロボロになったメンガタスズメの変死体がミツバチの巣箱から発見されるからです。この本の中でも多々ご紹介しているように、ミツバチは非常に高度に発達した社会性の生活を営む昆虫です。巣の恒常性、仲間や幼虫の安全を維持するため、仲間以外の巣への侵入は基本的に許しません。もちろん、メンガタスズメが巣に侵入してきた場合も同じです。ボロボロになった死骸は、ミツバチに攻撃された証拠に他なりません。では、なぜメンガタスズメは自殺行為とも言える、ミツバチの巣箱への侵入を試みるのか？ハチミツの匂いに誘われるのではないかとも噂されていますが、その真相は文字通り闇の中です。

世界のセイヨウミツバチ大ピンチ
ミツバチヘギイタダニ

多くの生き物には、寄生者がいます。人間の体にも、皮膚ダニや腸内細菌のように共生関係にあるものから、シラミやマダニ、あるいはコロナウイルスのように害をなすものまで様々です。ミツバチにも、大きな害を及ぼすたくさんの寄生者がいます。ハチミツを採取したり、イチゴ農家さんに貸すためにミツバチを飼育したりしている養蜂家さんにとって、これらの寄生者は深刻な問題です。ミツバチは、牛や豚と同じ家畜に分類されています。農林水産省では牛の狂牛病やニワトリの鳥インフルエンザと同じように、ミツバチの寄生者や病気を法廷伝染病として定めています。その中でもっとも厄介な寄生者が、ミツバチヘギイタダニです。このダニはミツバチの成虫に取りついて巣内に侵入し、ミツバチの幼虫や蛹の体液を養分にして成長、繁殖します。このミツバチヘギイタダニはアジア原産なので、ニホンミツバチなどアジア原産のミツバチは、自分たちでこのダニを駆除することができます。でも、世界で主に飼育されているミツバチは、アフリカからヨーロッパ原産のセイヨウミツバチです。日本などのアジア諸国に連れてこられて、はじめてこのダニに遭遇しました。ミツバチヘギイタダニはとても大きく、人間の目で見てもミツバチの体にくっついているのがわかるほどですが、セイヨウミツバチはなすすべを知りません。このダニが大発生するとミツバチの巣は完全にダメになってしまうため、薬などを使って駆除するしかないのですが、繁殖力が強く、巣の奥まで入り込まれると薬も効きにくくなります。セイヨウミツバチの拡散とともに全世界に広がったミツバチヘギイタダニは、世界中の養蜂家さんとセイヨウミツバチにとっての大きな脅威になっています。

関係生物

ヘギイタダニ科

ミツバチヘギイタダニ属

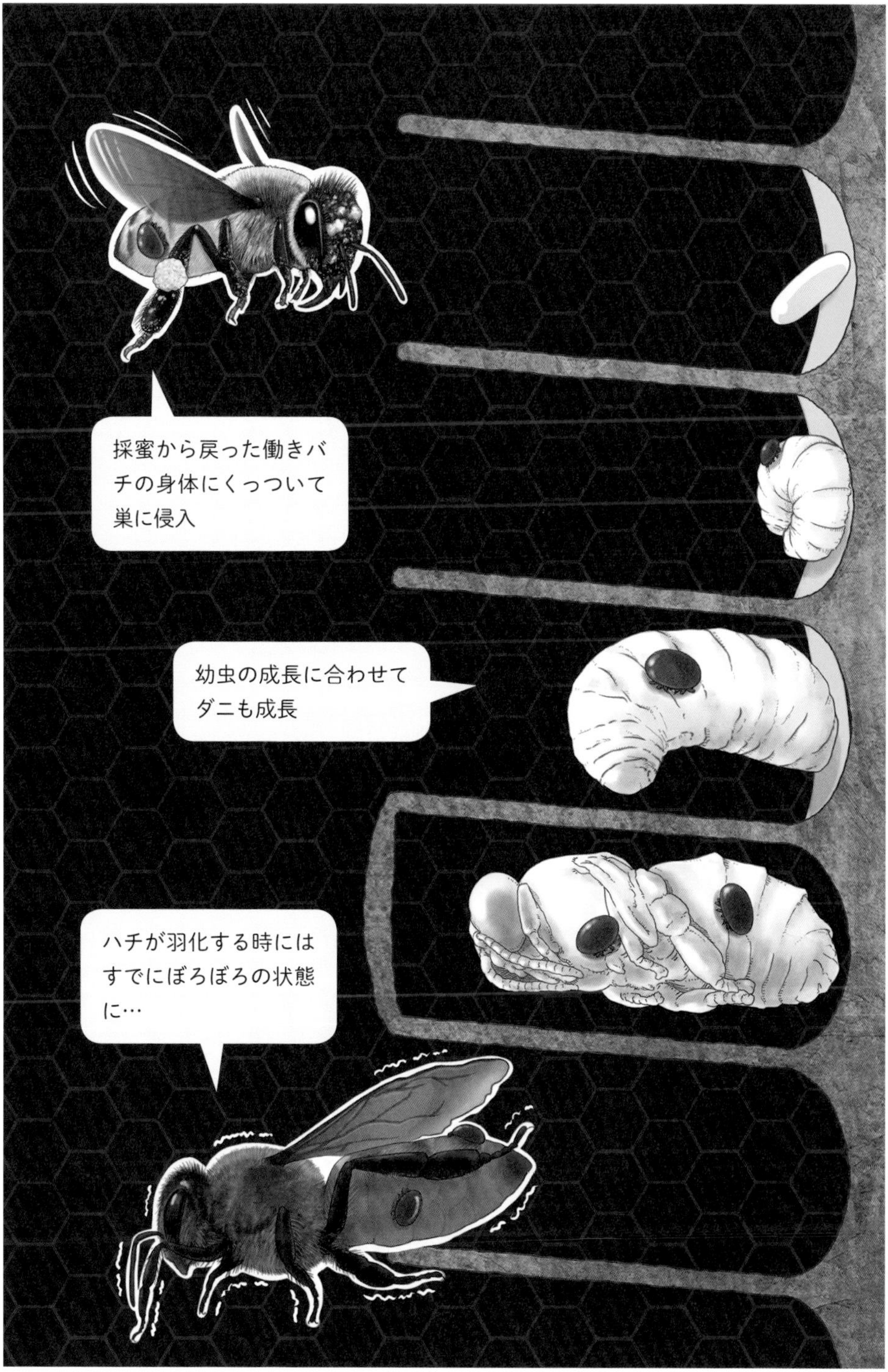
採蜜から戻った働きバチの身体にくっついて巣に侵入
幼虫の成長に合わせてダニも成長
ハチが羽化する時にはすでにぼろぼろの状態に…

マルハナバチの巣に同居するサソリの仲間　カニムシ

関係生物

ヤドリカニムシ科など

マルハナバチの巣は、地中の空洞、さらにはワラや落ち葉などの繊維状のものに覆われた中に好んで作られます。このような場所は、そうそうたくさんあるものではありません。ネズミの古巣などが活用されることもあり、ネズミに寄生していたツツガムシのようなダニが残っていることがあります。また、毛むくじゃらなマルハナバチ自体に寄生するダニも多く、温かいマルハナバチの巣（60ページ参照）にはたくさんの微小な生物が共存しています。そしてマルハナバチの自然の巣には、大きなハサミのある長い腕（触肢）を持つ生物が一緒に紛れ込んでいます。それがカニムシです。カニというよりは、尾のないサソリといったいで立ちで、分類上もサソリと類縁の生物です。このカニムシ、マルハナバチの巣に居候して何をしているのかと言えば、その名の由来である大きなカニのようなハサミで、マルハナバチの巣に住まうダニなどの微小動物を食べているものと考えられています。カニムシの仲間は、近年、人の感染症を媒介することで問題となっているマダニの天敵であることがわかりました。マルハナバチにとっても、マルハナバチの体に寄生するダニを捕食してくれる頼もしい同居人なのかもしれません。しかし、カニムシはどのようにしてマルハナバチの巣に住み着くのでしょうか？　カニムシは、地表で生活する土壌生物です。そして、ちょっと変わった移動手段を持つ生物としても知られています。それは、翅を持つ昆虫の脚に大きなハサミでしがみつき、移動するというものです。もしかすると、意図することなくマルハナバチの脚にしがみつき、移動した先がたまたま住み心地のよいマルハナバチの巣だったのかもしれません。

マルハナバチの脚にしがみついて移動するカニムシ

マルハナバチの巣内のダニ等を食べるカニムシ

ウンチと一緒にばらまいてもらうマルハナバチタマセンチュウ

関係生物
線形動物門
Sphaerularia 属

皆さんは、センチュウという生物をご存知でしょうか？　漢字で線《せん》のように体が細い虫《ちゅう》と書きますが、虫ではありません。センチュウ（線虫）は、土の中、水の中、植物の中と、いたるところに住んでいます。昆虫の体内で生活している寄生性の線虫もいて、有名どころにカマキリに寄生するハリガネムシがいます。線虫の中には、ハチの体内に寄生する種もいます。その1つが、マルハナバチタマセンチュウです。名前の通り、マルハナバチの体内で生活する、厄介な寄生者です。この線虫は、マルハナバチの女王バチに寄生します。寄生された女王バチは、巣作りや、産卵、子育てをすることができなくなります。つまり、繁殖を妨げられてしまうのです。空を飛べない線虫がどのようにマルハナバチの女王バチに寄生するのかというと…実は、眠っている隙をつくのです。マルハナバチの女王バチは、冬に土の中で冬眠します。土の中に潜んでいたタマセンチュウは、冬眠しているマルハナバチのお腹の横に複数ある気門（呼吸するための穴）から侵入して、成長し、繁殖します。一方で、線虫に寄生され、巣を作ることができなくなったマルハナバチの女王バチは、マルハナバチが巣を作ったり、冬眠したりするはずの山の斜面などを徘徊し、ただひたすら飛び回ります。この異常行動は、タマセンチュウがマルハナバチを操作しているからと考えられています。その目的は、マルハナバチのお腹の中でふ化した大量の線虫の幼虫を、ハチが飛んでいる最中に排泄物といっしょに地上にバラまいてもらうためです。地上にバラまかれた線虫の幼虫は土の中で成長し、次の世代のマルハナバチの女王バチが冬眠しにくるのを待つというわけです。

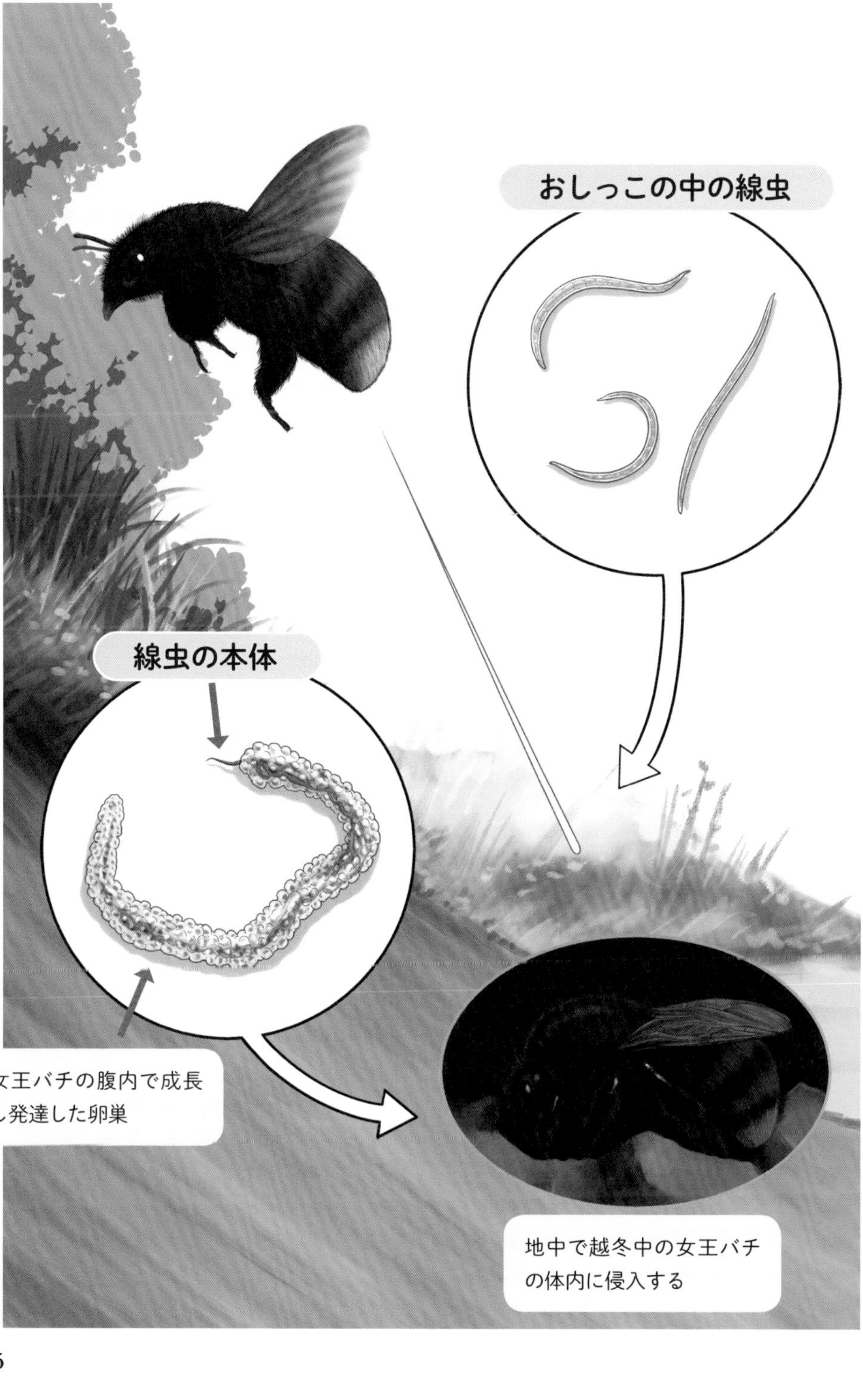
おしっこの中の線虫
線虫の本体
女王バチの腹内で成長し発達した卵巣
地中で越冬中の女王バチの体内に侵入する

ハチが黒いものを攻撃するのはクマのせい？

関係生物

クマ科

クマ属

アシナガバチやスズメバチ、そしてミツバチ。日本人が持っているハチのイメージに必ず刷り込まれているのが、「ハチは刺す」という印象です。では、ハチはそもそもなぜ刺すのでしょうか？　産卵管を針に変化させて得た「刺す」行動は、もともとは捕まえた獲物を大人しくさせたり、獲物を捕まえるために毒を注入して麻痺させたりすることが目的だったと考えられています。それが、仲間どうしで集まって巣を作り、社会性の生活を営むようになると、巣やそこで育つ幼虫や仲間を守るためにより発達してきたものと推測されています。ですから、ハチが刺すのは「攻撃」ではなく、もっぱら「防御」の目的が強いということになるのです。となると、ハチは何から巣を守るのでしょうか？　社会性の生活を営み、大きな集団で幼虫や仲間を養うための餌を蓄えているのは、先に挙げたアシナガバチやスズメバチ、そしてミツバチが代表的です。それらの幼虫や、蓄えられている蜜や花粉を好んで食べる生物で思い当たるのは…そう、プーさんで有名なクマでしょうか。確かに、北海道ではヒグマ、本州ではツキノワグマに養蜂家さんのミツバチの巣が襲われる被害が報告されています。また山間地のトマト農家さんでは、トマトハウスに導入していたマルハナバチ（82ページ参照）の巣が、ツキノワグマに襲われてしまったという事例もあります。「ハチは黒いものを襲う」という話を耳にされたことがあるかもしれませんが、その習性は天敵であるクマに由来するものという説があります。ちなみに、プーさんが美味しそうにハチミツをなめているのに、ミツバチが反撃している気配が見られないのは、プーさんの色が黒ではなく黄色だからなのかもしれませんね（もちろん冗談です）。

スズメバチ大好き　ハチクマ

関係生物

タカ科

ハチクマ属

恐ろしく、向かうところ敵なしといったイメージのスズメバチ。しかし、この本を読んでいただくと、スズメバチにも天敵がいることがおわかりいただけるのではないかと思います。そんな天敵の中でも特に厄介な相手が、タカやワシの仲間、猛禽類のハチクマです。スズメバチの巣を好んで襲い、巣の中に育つ幼虫や蛹を餌にします。ミツバチの巣も襲うことがあるようですが、養蜂家さんが飼育しているミツバチを襲うようなことはないようです。養蜂家さんがオスバチの幼虫や余剰な部分に蜜が入っている「ムダ巣」と呼ばれる部分を切り取って捨てたおこぼれを頂戴しにくる程度で、むしろミツバチを襲うスズメバチの天敵として大切な存在と考えられています。さて、話を戻してハチクマvsスズメバチです。いくら天敵とはいえ、スズメバチだってハチクマが巣を襲ってきたら反撃します。

ところが、その攻撃はあまり効果がないようです。というのもハチクマの羽毛は固く、鱗《うろこ》状に生えているので、スズメバチの針が羽毛下の皮膚にまで貫通し難いことが理由とされています。また、スズメバチはしばらく反撃するとすぐに諦め、巣を放棄してしまうこともあります。これについては、ハチが嫌う匂いや忌避するような化学的物質をハチクマが分泌しているのではないかと推測されています。ちなみにハチクマという和名は、同じようにハチにとって天敵のクマに由来するものではなく、同じ猛禽類のクマタカに似ていてハチを食べるところから来ているようです。でも、クマタカのクマは「クマのように大きくて強そうなタカ」に由来する名前ですから、やっぱり回りまわって、ハチクマのクマはハチの天敵であるクマから来ていると言ってもよい気がしますね。

COLUMN 6

ハチをマネするいろいろな昆虫たち

　トラやジョロウグモ、そしてオオスズメバチなどが持つ黄色と黒の縞模様は、キバや毒を持ち、近づいたり、食べたりすると危険であることを捕食者に対して知らせ、自然界で生き残っていくための戦略として進化してきた「警戒色」の代表例です。我々人間も、本能的か、あるいは学習によってか、黄色と黒の縞々を目にすると無意識のうちに危険や毒々しさをイメージしてしまいます。その原理を利用して、線路の踏切、工事現場のロープやバリケードなど、危険を知らせる警告を目的として黄色と黒の縞々が採用されています。この本に多く登場するスズメバチ、アシナガバチ、ミツバチなども、黄色と黒の縞模様から、毒針を持つ危険な有毒生物として認識する方も多いでしょう。

　一方、この色合いは、私たち人間だけでなく、ハチを含む昆虫を好んで食べる鳥などの天敵にも有効な警告色となっています。そしてよくよく観察してみると、ハチ以外の昆虫の中にも、黄色と黒の縞模様を持つものが少なくないことがわかります。しかし、それらのほとんどは、針も毒も持たず、攻撃力もなく、本来なら警告を発するほどの危険性はないのです。にも関わらず、なぜ黄色と黒の縞模様なのか？　これらの昆虫、実はハチのマネをしているのです。

　自然界で、生物が他のものや他の生物のマネをすることを「擬態《ぎたい》」と言います。特に、無毒な生き物が有毒な生き物のマネをすることを、その事実を発見したイギリス人学者にちなんで「ベイツ型擬態」と呼びます。これらの昆虫がマネをしているのは、色合いだけではありません。その形や動きまでをハチに似せ、あたかも自身が毒針を持つかのようにふるまうことで、天敵から身を守っています。

ハチに似せたベイツ擬態でよく知られているのは、ハナアブの仲間です。ミツバチのように花の蜜や花粉を餌として、花の周りを飛ぶ姿はミツバチそのものです。また、黒やオレンジといった色合いで、同じく毒針を持つマルハナバチに似せているハナアブまでいます。また、同じく花の周りを飛び回るガの仲間には、ハチに擬態しているものが多く知られています。さらには、樹液を求めて木の上を歩き回るカミキリムシの仲間にも、非常に巧妙にスズメバチに擬態しているものがいます。どうですか？　写真を見て、ハチとのちがいがおわかりになりますか？

▲オオマルハナバチそっくりなマツムラハラブトハナアブ　© 小島章

▲オオスズメバチそっくりなキタスカシバ　© 荻野拓海

▲カミキリムシだとわかっていても、触るのを躊躇してしまうほどの擬態。オオトラカミキリ　© 政所名積

第8章

お騒がせ？外国から来たハチたち

クリを守るために連れてこられたチュウゴクオナガコバチ

寄生バチ

オナガコバチ科

Torymus 属

農作物に被害をもたらす昆虫は、「害虫」として定義されています。害虫の中には、国内にもともと分布しているものだけでなく、海外からやってきて定着し、被害をもたらすようになったものもいます。国内にもともと生息していた害虫に比べ、海外から侵入した害虫には、天敵となる生物がいない場合があります。第二次世界大戦以前の１９４１年、岡山県ではじめて確認されたクリタマバチは、中国からやってきた外来の害虫です。クリの新しい枝（新芽）に産卵してクリの成長を妨げ、枯らしてしまうことから問題になりました。そんなクリタマバチが中国原産であるとわかったのは、第二次世界大戦後、日中の国交が正常化してからのことです。ところが、中国ではこのクリタマバチによる被害がそれほど問題になっていません。そのため、中国にはクリタマバチの天敵がいるのではないかと考えられました。中国での調査の結果、クリタマバチの天敵として有望と考えられたのが、チュウゴクオナガコバチでした。チュウゴクオナガコバチは早速日本に連れてこられ、茨城県にある当時の農林水産省の果樹試験場（現：農研機構）のクリに放たれました。すると、周辺地域ではそれまでクリタマバチによって40％もの新芽に受けていた被害が、約10年で１％にまで減少したのです。その後、チュウゴクオナガコバチは日本国中に広がり、定着しました。その結果、もはやクリタマバチはクリの大害虫ではなくなったというわけです。このような防除の方法を、生物的防除と言います。化学農薬などを使用しない、よい方法に思えますが、日本にいなかった生物を人為的に持ち込み野外に放逐することが日本の生態系にどのような影響を及ぼすのか、十分に考慮することも必要です。

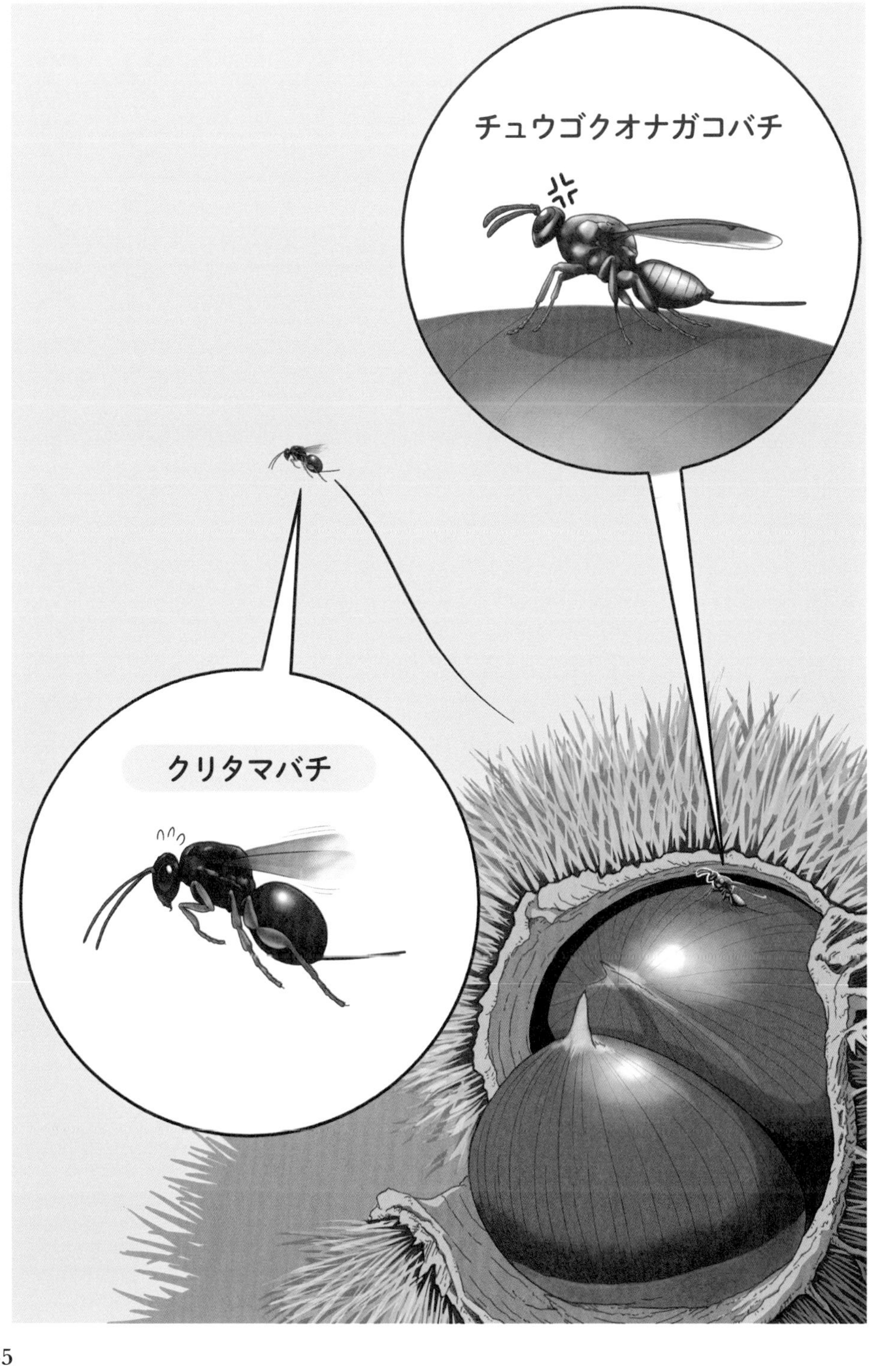
チュウゴクオナガコバチ
クリタマバチ

フランスワインが飲めなくなる？ツマアカスズメバチ

カリバチ
スズメバチ科
スズメバチ亜科

ツマアカスズメバチ。ここ数年、メディアなどでこのハチの名前を耳にされたことはないでしょうか？もともとは中国、台湾から東南アジア、南アジアにかけて広く分布する、スズメバチの仲間です。日本では２０１２年から２０１３年にかけて対馬での定着が確認され、２０１５年に特定外来生物種に指定されました。オオスズメバチに比べると体は小型ですが、樹木の高いところに大きな巣を作ります。非常に俊敏に動いてハエやトンボなどを狩るのですが、ミツバチを狩ることもあるそうで、養蜂業への被害が危惧されています。現在は対馬だけでなく、宮崎、長崎、福岡、大分県と山口県で確認され、国内における拡大が心配されています。また、ツマアカスズメバチは日本よりも早く、ポルトガル、スペイン、ベルギーなどにも広がっていて、海峡を越えてイギリスにまで渡るのも時間の問題とされています。大型のスズメバチが少ないヨーロッパには、ツマアカスズメバチの天敵となるものがいないことが、分布の急速な拡大につながったと考えられています。ヨーロッパでも養蜂業への被害が懸念されるとともに、フランスでは「ワインが飲めなくなる」といった噂まで出てきています。フランスには、２００４年、中国からの園芸用品と一緒に入り込んだのではないかと推測されていますが、定かではありません。しかし、それから数年後の２００９年には、ワインで有名なボルドー地方とその周辺で数千のコロニーが報告されたそうです。スズメバチはブドウの果汁も好んでなめるため、スズメバチがワイン用のブドウをダメにしてしまうと思われたのでしょうか。フランスでは、ツマアカスズメバチの駆除に政府の補助金まで投入されたことがあるそうです。

海外でお騒がせ！オオスズメバチ、フタモンアシナガバチ

カリバチ

スズメバチ科

四方を海に囲まれた島国で、多くのものを輸入に頼っている我が国日本。グローバル化が進む現代においては、意図していないものが国外からもたらされることもしばしばです。本書の中でも、海外から来て、日本に居着いてしまった「外来種」のハチを紹介しています。一方で、その逆、つまり日本から出て外国で定着したもの、定着しつつあるものもいます。日本の種も、国外に出れば外来種です。その国の自然環境に悪影響を及ぼしたり、人に危害を加えたりする可能性があれば、大きな問題になります。そんな問題の筆頭になりそうなのが、オオスズメバチです。２０１９年、カナダのバンクーバー島にあるナナイモという町で、オオスズメバチが見つかりました。何の巡り合わせか、ナナイモには私の母校で、スズメバチ研究の権威である小野正人博士が所属する玉川大学の付属農場があります。日本人はほぼみかけない、のどかな町です。また同時期に、アメリカ合衆国のワシントン州でも、オオスズメバチが見つかっています。そして２０２０年以降、ワシントン州やナナイモのあるブリティッシュコロンビア州を中心に、オオスズメバチの巣の発見事例は急速に増加しています。調査の結果、ワシントン州から侵入したオオスズメバチは、北はカナダやアラスカ南東部、南はオレゴン州にまで広がる可能性が指摘されています。侵入したオオスズメバチは、遺伝子解析の結果、日本の個体群からと韓国の個体群からの侵入を示唆しているとのことです。遺伝子解析によって侵入の経路を追跡できるとは、凄いことですね。同じように日本からニュージーランドに侵入したと考えられるフタモンアシナガバチも、遺伝子解析などによる研究が進められています。

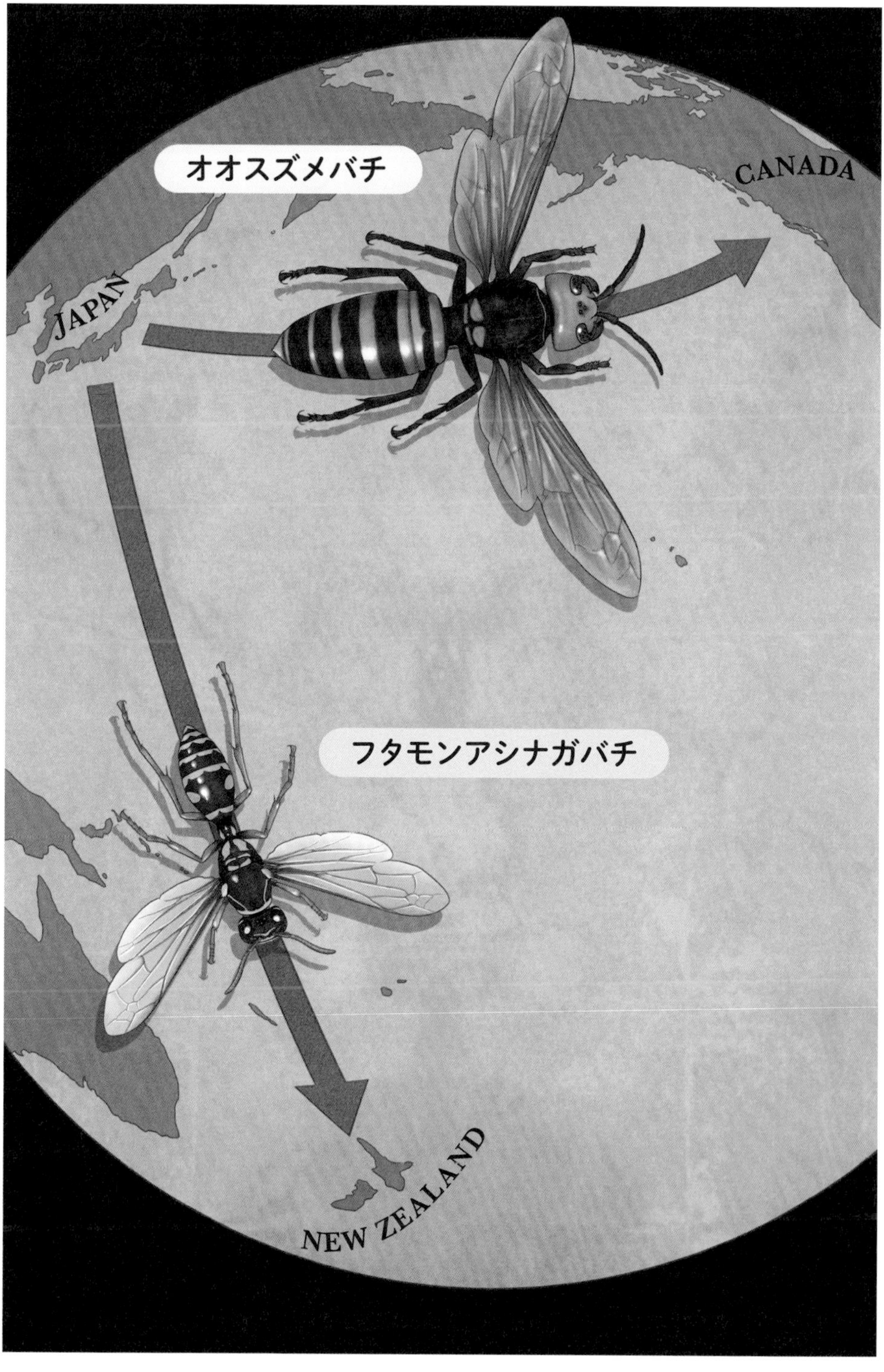
オオスズメバチ
JAPAN
CANADA
フタモンアシナガバチ
NEW ZEALAND

世界を席巻？勢力拡大真っ最中
オオハキリバチ

238ページのオオスズメバチよりも先んじて、アメリカ合衆国への進出を果たしたハチがいます。それが、オオハキリバチです。日本国内では北海道から奄美大島まで広く分布し、中国や朝鮮半島にも生息していますが、オオハキリバチはその名の通りハキリバチの仲間ですが、54ページでご紹介したハキリバチのように葉を切ることはなく、主に筒の中に針葉樹の樹脂（松ヤニ）などを利用して巣を作り、花から集めた花粉に蜜などを混ぜ合わせたケーキを幼虫の餌にします。アゴが大きく発達して、顔はいかつく見えますが、非常に大人しいハチです。巣のそばに顔を近づけて観察しても襲ってくることはなく、手で握ったりしない限り、刺すことはありません。１９９０年代初頭にアメリカ合衆国の東部に侵入、定着し、現在ではミシシッピ川の東側にあるほとんどの州に分布しているそうです。

２００９年には、ヨーロッパ南部にも進出しました。そんなに大人しいハチであれば問題視しなくてもよいのでは？　と思われるかもしれませんが、そうとも限りません。例えば、同じように日本やアジアを中心に分布しているナミテントウは、人に害を与えることのない、むしろ益虫として扱われることの多い種です。ナミテントウはアメリカやヨーロッパ全域に外来種として分布を拡大していますが、在来種のテントウムシとの争いに加え、ナミテントウ自身は耐性を持っている病気を他の国のテントウムシに媒介し、大きな影響を与えていることが報告されています。昆虫にも、病気の原因となる細菌やウイルスが存在します。これらを随伴《ずいはん》生物と言いますが、随伴生物の侵入もまた、その地域特有の生態系を脅かす大きな問題となることがあるのです。

ハナバチ

ハキリバチ科

ハキリバチ属

オオハキリバチ

いろんなところに穴を開けちゃう タイワンタケクマバチ

ハナバチ

ミツバチ科

クマバチ属

日本には、もともと生息している在来のクマバチが5種います。天然記念物に指定されている希少なオガサワラクマバチをはじめ、南西諸島にはアマミクマバチ、オキナワクマバチ、アカアシセジロクマバチの3種が（群）島ごとに住み分けをしています。そして、北海道から鹿児島までの広い範囲に生息しているのが、私たちが一般的に「クマバチ」と呼ぶキムネクマバチです。これら国内に生息している5種のクマバチはいずれも日本の固有種※で、遺伝子解析の結果からそれぞれ近縁であることもわかっています。そんな日本のクマバチに最近加わった種が2種います。1つは、小笠原諸島の硫黄島に住み着いたハワイクマバチ。もう1つは、2006年に愛知県ではじめて見つかったタイワンタケクマバチです。ここにきて急速に分布を拡大しているようで、2023年現在、東は埼玉県、北は石川県、西は鳥取県など、12府県で見つかっています。タイワンタケクマバチは全身真っ黒な体色をしていて、光の角度によって翅《はね》が虹色に見えるので、キムネクマバチとのちがいはすぐにわかります。また、日本在来のクマバチが枯れ木や材木に穴を開けて巣を作るのに対し、タイワンタケクマバチはその名の通り、竹に穴を開けて巣を作ります。そのため、タイワンタケクマバチはアジア大陸から輸入される竹材と一緒に海を渡ってきたのではないかと考えられています。固い竹に穴を開けることができるほどですから、ホースに穴を開けてしまったり、最近では見かけることの少なくなった竹ぼうきの柄に巣作りをしていたこともあります。掃除をしようと思って竹ぼうきを持ったら刺されてしまったという事例もあります。竹ぼうきに見慣れない穴が開いていたら、要注意です。

※その地域の気候・風土に適応して、独自の進化をしたその地域にしかいない種のこと

在来種クマバチのオスとはちがい
顔の黄色い部分の面積が広い
メスは全身真っ黒で翅が
虹色に妖しく輝く

トマト栽培の救世主から悪者に セイヨウオオマルハナバチ

1991年、ヨーロッパから日本に、革新的な技術がもたらされました。それまで化学合成された植物ホルモン剤を使って人工的に実を成らせていたトマト栽培に、マルハナバチを使った自然受粉が技術導入されたのです。これにより、トマトの農家さんは人工授粉の重労働から解放され、かつ私たち消費者は種《たね》のある美味しいトマトが食べられるようになりました（82ページ参照）。しかし、当時利用されたマルハナバチは、ヨーロッパ原産のセイヨウオオマルハナバチという種でした。ハウス栽培で利用されるため、当初は日本の自然環境に大きな影響を与えることはないだろうと考えられていました。しかし、ハウスは完全に閉鎖された施設ではありません。そのため、ハウスの外に逃げ出したセイヨウオオマルハナバチが日本の自然環境の中で野生化（土着化）し始めたのです。特にヨーロッパと気候や環境が似ている北海道では、セイヨウオオマルハナバチの野生化が進んでいます。マルハナバチが巣作りに利用する地中の空洞をセイヨウオオマルハナバチが占有して、地域によっては日本在来のマルハナバチが見られなくなってしまったところもあります。日本固有の植物の繁殖に影響があることや、雑種はできないものの、異種であるはずの近縁な在来種と交尾することも報告されて、セイヨウオオマルハナバチの野生化は日本在来の自然に大きな影響があることがわかってきたのです。トマト栽培の救世主だったはずのセイヨウオオマルハナバチは一転、悪者になってしまいました。その後もセイヨウオオマルハナバチの北海道内での生息地域は拡大を続け、トマト栽培の盛んな地域だけでなく、北海道の独特な自然環境が保全、保護されている釧路湿原や知床にまで広がっています。

ハナバチ

ミツバチ科

マルハナバチ属

※海外から持ち込まれたり、入ってきたりした動植物が、日本の生態系や人畜に悪影響を及ぼすことを防ぐための法律

WANTED
DEAD OR ALIVE
外来のセイヨウオオマルハナバチから
在来のクロマルハナバチへの転換をお願いします

このような状況を鑑みて、自然受粉の美味しいトマトを安定的に生産する技術をもたらしてくれたセイヨウオオマルハナバチは、2006年から外来生物法※に基づく特定外来生物種に指定され、その利用は規制されています。このようにセイヨウオオマルハナバチの規制を強化する一方で、環境省や農林水産省はトマトの受粉など農業生産に欠かせないマルハナバチを在来種に切り替えるための方針を発出しています。現在、本州、四国、九州では、利用種がセイヨウオオマルハナバチから、実用化されている在来種のクロマルハナバチに切り替わりつつあります。一方で、クロマルハナバチは北海道には分布していないことから、北海道に分布している固有（亜）種の増殖方法の開発などの課題も残っています。

COLUMN 7

世界のマルハナバチ利用と外来種問題

この本の中でも、その奇妙でユニークな生態を紹介してきたマルハナバチ。筆者である私は、このマルハナバチを長年研究してきました。その目的は、もちろんこのハチの愛くるしさ、生態的な面白さにもあるのですが、それとは別に、このハチが農作物の受粉に欠かせない重要な存在であるということが挙げられます。

1987年、ベルギーのデ・ジョン博士によって確立されたセイヨウオオマルハナバチの大量増殖法は、それまで人の手によって大きな労力をかけて行われていたトマトなどの農作物の授粉作業を大きく軽減させる、革新的な技術となりました。商業的に生産されたセイヨウオオマルハナバチを利用した農作物受粉技術は、瞬く間にヨーロッパ中に普及することになったのです。

その4年後には海を越えて日本にも紹介され、1991年の試験導入を経て、1992年から本格的に日本のトマトハウスなどでの利用が始まりました。ところが、その際に導入されたのは技術だけではありませんでした。商品である、セイヨウオオマルハナバチそのものが導入されたのです。その名が示す通り、セイヨウオオマルハナバチは日本国内には分布していない「外来種」です。導入当初から、セイヨウオオマルハナバチが野外に逃げ出し野生化してしまう「土着化」を懸念する生態学者、昆虫学者は多く、反対の署名運動などもありました。しかし、当時の日本には有用な昆虫の輸入を規制する法律はなく、セイヨウオオマルハナバチの利用は日本でも徐々に拡大していきました。まさにこうした状況の最中、私は昆虫を研究する大学の研究室に入り、その実情を知って日本の在来種マルハナバチの大量増殖の研究を始めたのです。

そのきっかけは、アメリカ合衆国でした。当時、アメリカ合衆国でも、ヨーロッパのマルハナバチを利用した作物受粉の技術が導入され始めていました。そして、アメリカ合衆国でも同様に、研究者らがセイヨウオオマルハナバチの導入に反対していたのです。日本とちがったのは、これを受けたUSDA（アメリカ合衆国農務省）が、ヨーロッパのマルハナバチの増殖企業にアメリカ合衆国の在来種マルハナバチの実用化のための支援を行い、同国の在来種マルハナバチの実用化を実現させたことでした。世界に約280種が記録されているマルハナバチの中で、大量増殖できるマルハナバチはセイヨウオオマルハナバチだけではないことが証明されたわけです。それならば、日本国内に分布しているマルハナバチの中にも、「大量増殖して農業に利用できる種がいるのではないか」と考えたのです。

それから時を経て、オランダのマルハナバチ増殖技術を有する企業の力を借りて、日本の在来種クロマルハナバチの商業的生産が成功しました。一時期は世界各地の農業現場に拡大していったセイヨウオオマルハナバチの利用も、現在では、各地域に分布している在来種のマルハナバチを増殖し、利用する方向に変わりつつあります。カナダ、アメリカ合衆国では2種が、メキシコで1種、南米で1種、ヨーロッパ本土とは別にイギリスではセイヨウオオマルハナバチの亜種が1種、アフリカ大陸に近いスペインのカナリア諸島で1種、日本で1種。最近では台湾でも、在来種マルハナバチの増殖が試みられています。世界では年間で約200万群※のマルハナバチが、農作物の受粉に利用されていると推定されています。まだセイヨウオオマルハナバチである地域も少なくありませんが、農業という私たちになくてはならない産業にとって有用な技術であるマルハナバチの利用が、より環境に負荷のない持続可能な技術になるための進歩はこれからも続きます。

※巣1つの単位

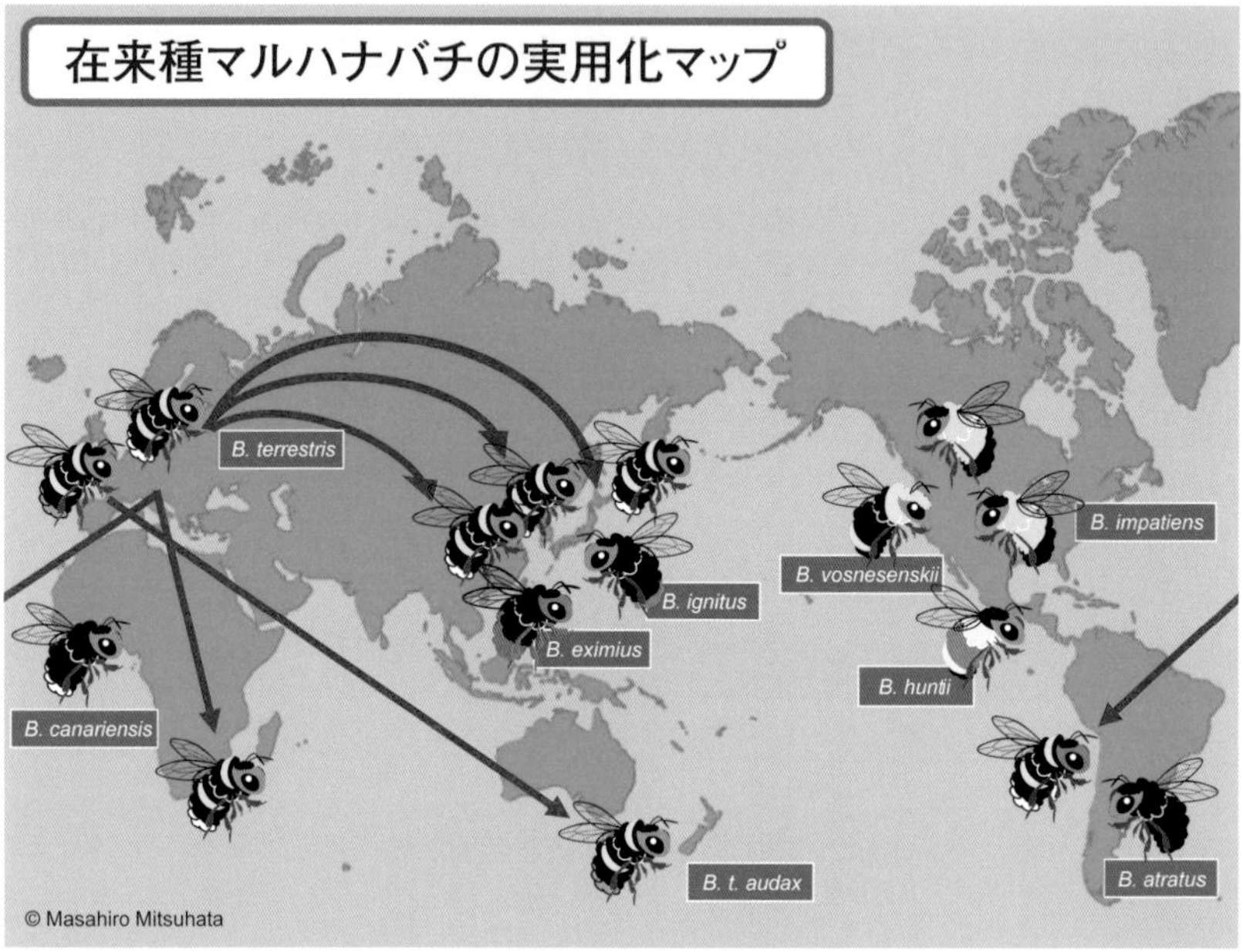

▲世界のマルハナバチ利用マップ

▲実用化が望まれる北海道固有亜種のエゾオオマルハナバチ

特別寄稿

ハナバチの危機とその対策

国立環境研究所　生物多様性領域　生態リスク評価・対策研究室　室長　五箇公一

今、世界の、そして日本のハナバチ類が危機を迎えている

　自然生態系を支える重要な生物群である昆虫類が、近年、全球レベルで急速に減少していることが多くの研究者によって指摘されています。例えば、Sánchez-Bayo and Wyckhuys（２０１９）※は、過去40年間に世界各地で実施された長期モニタリング結果を包括的に分析した結果、今後数十年のうちに世界の昆虫種の40％が絶滅する可能性があると報告しています。

　これらの研究報告によれば、特に、ミツバチやマルハナバチなどハナバチ類の減少が著しいとされ、その減少速度は、脊椎動物類の減少速度より遥かに高いとされます。ハナバチ類は自然の植物のみならず、私たち人間の食糧となる農作物の果実や種子の生産にも重要な働きをしており、その減少を一刻も早く食い止めなければ私たち人間社会も崩壊する恐れがあるのです。

　ハナバチ類の減少を招いている要因は、農地の拡大など土地利用による生息地の改変、および農薬による影響がもっとも大きいとされており、それに続く影響要因として、温暖化や外来種などが挙げられています。

　これらの影響要因は単独で作用するのではなく、相互に関係して相乗的に負の影響をもたらすとされます。例えば、農地の拡大は、ハナバチ類が利用できる植物種の多様性を低下させるとともに、農薬使用量を増加させ、ハナバチに対する悪影響を増大させます。

※ Sánchez-Bayo F and Wyckhuysbcd K A G (2019) Worldwide decline of the entomofauna: A review of its drivers. Biol Conserv. 232: 8-27. https://doi.org/10.1016/j.biocon.2019.01.020

温暖化は、ハナバチの生活史サイクルと植物の開花時期のタイミングを撹乱し、ハナバチの餌資源確保を難しくするとともに、農業害虫や雑草の発生を加速させ、農薬使用の増加をもたらします。さらに人為的に撹乱された環境に外来種が侵入して分布を拡大すれば、在来種の減少に拍車がかかることになります。

従って、ハナバチ類の減少を食い止め、その生息数と多様性を回復させるためには、これらの減少要因を1つ1つ改善して、ハナバチにとって好適な生息環境を再生していく必要があります。

ハナバチの生息地を保全する

まず、土地利用による生息地や餌資源の減少という問題に対しては、自然植生地域の保全・再生が課題となります。2022年12月カナダ・モントリオールで開催された生物多様性条約第15回締約国会議COP15において生物多様性保全のための国際目標「昆明・モントリオール生物多様性枠組み」が採択され、その中で2030年までに陸域と海域の30%以上の自然環境を保全するという「30by30目標」が立てられています。

我が国も、この枠組みに沿って生物多様性国家戦略が刷新され、自然林や里山、企業緑地など、生物多様性を持続的に保全できるエリアを確保し、維持することが目標として掲げられています。この戦略目標に、ハナバチ類の生息環境の復元や再生も組み込み、その多様性回復を推進することが重要と考えられます。

農薬のリスク管理を徹底して使用量を減らす

特に近年のハナバチ類減少を招いている主要因の一つとして1990年代から多用されるようになったネオニコチノイド系殺虫剤が指摘されています。

ネオニコチノイドは浸透移行性という、植物の根から吸収されて、植物体内を移行するという性質を持っており、この性質を利用して、作物の種子表面にコーティングしたり、作物の根元に粒剤を施用したりすることで、植物体に薬剤を吸わせて、その作物を食害する害虫を抑制します。効率性と効果が非常に高い薬剤として広く使用されてきましたが、一方で、植物体や土壌中に残留した農薬が長期的かつ広域的にハナバチ類に影響するリスクが指摘されてきました。

日本では、２０２１年度より農水省の農薬取締法が改正され、農薬の登録にあたって、ハナバチ類に対するリスク評価が強化されることとなりました。国立環境研究所では、この規制システムを支援するために、２０２１年より、全国の養蜂家と協働でニホンミツバチの巣を対象とした農薬影響の調査を進めており※、科学データの集積によって、リスク評価システムの精度を上げることを目指しています。

ハナバチ保全の観点に立てば、農薬は可能な限り減らすべきですが、一方で、農業従事者の減少と高齢化が進む中、農薬使用なしでの持続が難しい現在の日本における農業の実態にも、国および私たち消費者は目を向け、根本的な構造改革を考える必要があります。

外来種対策を強化してその数を減らす

日本国内で現在、ハナバチ類に悪影響を与えている外来種に、まずセイヨウオオマルハナバチが挙げられます。ヨーロッパ原産の本種は、１９８０年代に商品化が進み、人工コロニーが、主にハウス栽培トマトの花粉媒介用送粉者として欧米やアジアなど世界各地に流通するようになりました。一方で、野生化した集団が侵略的外来生物として在来の生態系に影響を及ぼすリスクが指摘されており、我が国でも１９９６年に北海道で野生化が確認されて以降、北海道内においてその分布が拡大し、在来マルハナバチ類の生息域を圧迫していることが示されています。

この状況を受けて、環境省では、本種の輸入および飼養規制も検討されましたが、本種の利用により国内のトマト生産効率は飛躍的に向上していることなど、農業生産における必要性を鑑み、全面的な飼養禁止ではなく、環境省による許可制のもとで、逃亡防止を図りながら使用を継続することとなりました。

一方で、すでに北海道内で定着した集団の分布は広がり続け、現在、世界自然遺産エリアにまで侵入しています。そもそも外来種を導入したことがまちがいだった、と結論することは簡単ですが、ここでもグローバルな市場競争にさらされ、外来マルハナバチに頼って

※病原体および農薬ばく露がミツバチの健康に与える影響評価プロジェクト
https://www.nies.go.jp/biology/ppap.html

でも生産性を向上させる必要に迫られている日本農業の実態に、私たちはもっと目を向ける必要があります。

　セイヨウオオマルハナバチのように意図的に導入される種ばかりでなく、グローバル・サプライチェーンに便乗して非意図的に侵入してくる外来種も存在します。例えば、東南アジア～中国南部が原産地とされるツマアカスズメバチは、２０００年代に入ってから、輸送物資に紛れて韓国およびヨーロッパに侵入して分布を広げています。日本では、２０１２年に長崎県の対馬に侵入・定着していることが確認され、２０２２年には福岡県で野生の巣が確認されたことから、対馬から本土への分布拡大が始まっている恐れが高いとされます。本種はさまざまな昆虫類を餌とし、在来のハナバチ類に対する影響も懸念されています。

　その他、南米原産のヒアリやアルゼンチンアリなど、外来アリ類の侵入も、生態系に大きなダメージを与え、直接もしくは間接的に在来のハナバチ類に対して悪影響が及ぶと考えられます。

　国立環境研究所では、これらの外来種に対して防除技術を開発し、自治体などと協力して駆除を進めています。しかし、グローバル経済が進行し、日本が様々な資材を海外からの輸入に頼り続ける限り、新たな外来種の侵入は繰り返され、その防除は終わりなき闘いとなります。

ハナバチ類保全のために私たちにできること

　ハナバチの生息環境を守り、その多様性を回復していくためには、上記の生息地保全や、農薬および外来種対策の他に、温暖化や廃棄物汚染など、さらに大規模な環境問題に対しても対策を講じていく必要があります。ハナバチを守るということは、地域および地球の環境を保全することと同じ意味をなし、究極的には私たちの生活を守ることにつながっているのです。

　ハナバチの生息を脅かしているすべての環境問題は、私たち人間の便利で豊かな生活（しかし、それは他の生物たちにとっては迷惑この上ない活動）から生み出されているものであり、ハナバチを保全するためには、まず、私たち一人一人が自らの日常生活を見直していくことから始める必要があります。

嫌われ者のスズメバチも生態系にとっては大切な存在

玉川大学学術研究所所長 小野正人

「スズメバチ」と聞いて背筋を震わせる人はいても、「何それ？ 可愛いスズメのようなハチ？」と頭を傾げる人は、もはやいないのではないでしょうか？ スズメバチは、ここ日本でそれほど恐れられている野生生物の一つなのです。スズメバチの巣が大きく成長する夏から秋にかけて、日本では毎年のように刺針による刺傷事故のニュースがマスメディアを通じて大きく報道されています。１年間（実際には7～10月の４か月間）にスズメバチを主とするハチに刺されて命を落とされる人の数は、日本だけでも数十人（１９８４年には73名！）に及んでいます。この数字は、マムシやハブ、ヒグマによる被害を大きく上回るものです。

それでは、どのような場所でスズメバチと遭遇してしまうのでしょうか。もちろん、ハイキングやキノコ狩りの最中など郊外で出くわす機会も多いと言えますが、近年の社会問題化の理由の一つに、スズメバチが都市近郊に進出・急増し、人との摩擦が生じやすくなっていることが挙げられます。私の所属する玉川大学が所在する町田市、横浜市、川崎市、周辺の八王子市などでも住宅地にスズメバチが巣を作り、それぞれの自治体の担当部署にはシーズンになると多数の相談や駆除依頼が寄せられると聞いています。同じような傾向は東京都23区内でも発生しており、東京タワーのすぐ近くの公園内での刺傷事故のニュースも記憶に新しいところです。

威嚇するオオスズメバチ　© 小野正人

ところで、一口にスズメバチと言っても、日本だけで大型のスズメバチ属（*Vespa*）に含まれる7種が知られており、共通の特徴とそれぞれの種に特有の興味深い習性を持っています。日本のような四季のある温帯域に分布しているスズメバチの営巣は、春に越冬を終えた1頭の女王バチによって開始されます。女王バチは、前の年の秋にオスと交尾をしており、腹部内にある受精のうという小さな袋に精子を貯め込んでいます。4月下旬から5月初旬、気温の上昇にともなって活動を開始した女王バチが最初に着手する仕事は、巣を作る場所を探すことです。敵に見つかりにくく雨風を避けられる好適な場所が見つかると、樹木の表皮などを齧ってダンゴ状に丸めて持ち帰ります。それを大顎と前脚で器用にシート状に加工して、数個の小さな育房を作り、その中に卵を一つずつ産みつけます。育房の形は正面から見ると正六角形で、最小の材料で最大の強度をもたらす建築を誰から教えてもらうわけでもなく、設計図もなしでやってのけるのは見事です。こうして女王バチは、最初の数頭の娘にあたる働きバチが羽化するまでの約1か月間にわたり、すべての仕事を単独でこなさなければならない、いわゆる「ワンオペ」の激務の日々となります。その頃、日本では梅雨の時期が重なり天候不順で長雨が続く中、幼虫の餌を十分に集められずに人知れず廃絶してしまう巣も多くあると考えられています。梅雨が長いとスズメバチの発生が少なく、逆にカラ梅雨だと大発生と予測される所以です。

　何とかワンオペ生活を乗り切り待望の働きバチが羽化すると、餌集め、巣作りなどの労働は小さな娘たちが引継ぎ、母親の女王バチはやっと産卵に専念できるようになります。越冬から覚めて実に1か月以上も経ち、やっとワンオペから開放されることで、名実ともに「女王」になれるのです。ここまでくれば、営巣活動は軌道に乗り、女王バチは日々産卵を行い、卵からふ化した妹の幼虫に働きバチが餌を運んでくる「分業体制」が樹立。7～8月にかけて、巣は急速に成長します。働きバチの増加に伴って、樹皮を材料とする巣の大きさもどんどん大きくなっていきます。実は、このスズメバチの巣作りの様子を見て、人類は紙を木材パルプから作るという製紙の技術を発明したという逸話もあります。紙は私たちの生活になくてはならないものですので、その大量生産のヒントをスズメバチが与えてくれていたとすれば、御礼の一つも言わなければならないかもしれません

　秋にもなると、スズメバチの巣は大きなもので直径１ｍ近く、働きバチの数も１０００頭を超え、巣の重さも数kgに達します。巣の中には無数の幼虫や蛹がひしめいています。スズメバチの幼虫は、成虫が野外で捕獲し、肉団子にして巣内に搬入した昆虫類を主食として育てられます。裏を返せば、スズメバチがそれだけたくさんの昆虫を捕食したという証でもあります。働きバチたちは、夜明けとともに狩りに出かけ、日没直前まで食欲旺盛な幼虫の食物集めに勤しんでいます。

　彼らの、主なメニューは何でしょうか？　スズメバチの中では小ぶりで俊敏なキイロスズメバチは、花に来ているハエやアブ。スズメバチの中では最大級のオオスズメバチは、コガネムシやカミキリムシなどのコウチュウ類も、大あごで噛み砕いてしまいます。その他、草木の葉を食害するチョウやガの幼虫も旺盛に捕

まえ、その強大な捕食圧によって、生態系の中で多くの農林害虫の大発生が抑えられていると考えられています。さしずめ「緑のパトロール隊」とも言えそうです。一方、獲物のメニューの中には、ミツバチのような、いわゆる益虫と呼ばれる昆虫も含まれています。特に秋が深まり、スズメバチの巣内で来年女王バチとなる新女王バチやオスといった生殖虫が育てられる時期には、多数のスズメバチがミツバチの巣に押し寄せてくることから、養蜂家にとっての深刻な問題になっている側面もあります。

捕食者として、食物連鎖の中で総じて上位に君臨するスズメバチは、私たちに対する刺害という点から嫌われ者として扱われています。しかし、生態系の中では植物に加害する様々な害虫を大量に捕食し、ある特定の昆虫が突出して増えすぎず、持続可能な生物多様性を保持する大切な機能を担っていることも理解しておきたいものです。

ワンオペ時代のキイロスズメバチ初期巣
© 小野正人

捕らえた獲物の肉団子を作るオオスズメバチ
© 浅田真一

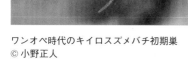

ハナバチ研究の面白さ

筑波大学生命環境系助教　横井智之

　ふと思いたったら、のどかな春の日差しが差し込む田舎道を散策してみてください。周りに広がる畑の畔や道端に目をやれば、今を盛りとばかりに咲き誇っている花々に出会えます。形も色も大きさもちがうそれらの花を愛でていると、その中を、脚や体に花粉をつけ、小さな翅を動かして飛んでいるハナバチたちがいます。ミツバチだけが花に訪れているのかと思うと、そうではありません。ふさふさした毛で体が覆われていたり、全身が黒くつやつやしていたりと、容姿もばらばらです。さらには豆粒ほどの小さなものから、親指ほどの太さがあるものまでいます。

　どのハナバチを見ていても、それぞれの個体は飛んでいる方向にお目当ての花が見つかると、さっと花弁に降り立ちます。すぐに細長い口吻を伸ばして蜜を吸い、前脚でせっせと花粉を集め始めます。集めた花粉は、後ろ脚やお腹の毛を使ってためていきます。顔や体を少し拭ったと思ったら、すぐに次の花へ向かって飛んでいってしまいます。飛び去った方向を眺めてみると、少し離れたところを同じように飛び回っている個体がいます。どの個体も限られた時間を有効活用しようとあくせく動いているためか、たまに同じ花の上に着地してしまい、お互いに驚いて飛び去ってしまうこともあります。

　花を訪れている様子をもっと見るために、しゃがみ込んで顔を近づけてみましょう。あまり近づきすぎると、ハナバチの行動を邪魔することになるので適度な距離が必要になります。息がかかってもいけないので、呼吸も慎重にしてみましょう。自分の目の前にある花にハナバチが近づいて花弁に着地した瞬間に、握っていたストップウォッチをスタートさせます。目をそらすことはできません。花に訪れた個体を凝視して、行動を目に焼きつけます。やがて、満足したように翅を広げて飛び立った瞬間にストップウォッチを止め、計測した時間をコンマ1秒単位でフィールドノートに書き込んでいきます。訪れたハナバチの種類、オスかメスか、花粉と花蜜を両方持ち去ったかどうかを書き込みます。書き終わったら、すぐに次のターゲットとなる個体を探して、同じことを繰り返していきます……。

　いかがでしょうか。私が大学院生の時に、ハナバチの行動を観察するために行なっていた調査の様子を、文章にしてみました。研究対象とするハナバチの種類は時期や場所によってちがっていましたが、おおむねこのような観察方法で記録していました。記録に加えて、その場で思いついた疑問やちょっとしたメモも書いていました（**写真1**）。観察記録はパソコンでデータ化しますが、その場で書いた絵やコメントはそのま

写真１：調査の際に使うフィールドノート。読み返すと記録からメモまで色々書き込んでいます

まノートに残っています。今読み返すと恥ずかしいアイデアなどもありますが、その当時の思い出も詰まっている大切なものです。

使う調査道具も、実にシンプルです。記録するためのフィールドノート、ボールペン、ストップウォッチ。基本はこれだけでした。あとは朝早くから夕方まで野外に出ていく忍耐があれば、なんとかなります。もちろん、花蜜を量ったり、実験のために開花したばかりの状態の花を用意したりするには、別の道具が必要になります。研究を始めた当初は、大きな研究費があるわけでもなく、高価な機材を使っているわけでもありませんでした。私が頼りにしていたのは、自分自身の目でした。私は目が悪いのでいつもメガネをかけていますが、ハナバチたちが花から花へとすばやく飛び移り、花の上で動き回る行動をじっくりと観察することに磨きをかけました。そんな私の目に飛び込んでくるのは、ハナバチたちが「魅せて」くれる行動でした。

ハナバチの行動を調べて、何が楽しいのだろうかと思う方がいらっしゃるかもしれません。一見すると、どの個体も花から花へと訪れて蜜や花粉を運んでいるだけにも思えます。私も、同じような思い込みがありました。けれど、調査の合間に花の前に座り込んで休憩し、花に訪れたハナバチを見た時に気づきました。どうも、ハナバチの種類によって花粉を集める行動もちがうし、オスかメスかによって花の上に留まっている時間もちがいます。さらには、花に近づくけど、なぜか着地せずに別の花へと飛んで行くこともありました。こうした行動のちがいがなぜ現れるのかを知りたくて、ハナバチの名前や性別を見分けてじっくり観察し、研究テーマとするようになりました。

観察では、ただ見るだけではなく、こちらで準備した花をそっと差し出してみます。うまくいけば、ハナバチは他の花と同じように飛んできてくれます（**写真2**）。操作実験なんて言うと難しく聞こえますが、ピンセットで花をつまんで差し出すだけで、ハナバチをもっと近くで観察することができます。

観察していると、どこに巣があるのかが気になり、地面に開いた小さな巣穴を見つけ、出入りする個体を数えてみたこともあります。花の上で待ち受ける天敵や、他の昆虫たちとどんな関係があるのか気になり、畔の花に袋をたくさんかぶせたこともあります。はたから見ると、昼間から地面や花をじっと眺めて座っている人なんて不思議でしょうがないかもしれません。調査をしていると、いろんな人に声をかけられます。その度に、私はハナバチの話をして回っていました。

私も気がつけば、野外を飛び回るハナバチたちと十年以上向き合ってきました。でもまだまだ魅力は尽きず、わからないことだらけです。研究は、なぜ、どうして、と思うことから始まります。皆さんも、花にいるハナバチの姿に気づいたら観察してみませんか。面白いことが見えてくるかもしれません。

写真2：クサイチゴでの実験風景。うまく花に訪れてくれるとこちらのテンションが上がります

植物と食べ物とマルハナバチを守るために

東北大学大学院生命科学研究科博士研究員
大野ゆかり

　人間は、生態系からたくさんの恵みを受けています。研究者は、生態系から得られる利益をまとめて、生態系サービスと呼んでいます。生態系サービスの1つに、ポリネーション（送粉）サービスがあります。ポリネーションサービスとは、ポリネーター（送粉者）と呼ばれる動物が、植物の花の花粉を他の花へと運び、受粉させて、実や種を作る働きをすることを指します。ポリネーターには、ハチ、チョウ、ガ、アブなどの昆虫から、コウモリや鳥など、様々な動物がいます。ポリネーターがいないと、野生植物や農作物の花が受粉せず、実や種、農作物が収穫できないという大変な状況になってしまいます。

　ポリネーターの中で、皆さんに一番身近な動物は、ミツバチかもしれません。果樹園で、果樹の花の受粉のためにミツバチの巣箱が置かれていたり、イチゴを栽培しているビニールハウスの中で、イチゴの花の受粉のためにミツバチが飛んでいるのを見たことがある方もいると思います。ただ、飼育されているミツバチ以外の野生のポリネーターも、農作物の送粉において重要な役割を果たしています。例えば、２０１３年の日本の露地栽培におけるポリネーションサービスの経済的価値は三千六百億円であり、そのうち飼育ミツバチによって提供されたポリネーションサービスはわずか7.6%と推定されています。このように、露地栽培での農作物の送粉を主に野生のポリネーターに頼っている日本のような国では、私たちの食べ物を守るために

図１：マルハナバチの一種のトラマルハナバチ（上）とオオマルハナバチ（右）。自然の多い場所で野生植物に訪れる。トラマルハナバチは畑のカボチャやナスなどにも訪れて、農作物の送粉に貢献している
© 森島英雄

も、野生のポリネーターを保護する必要があります。
日本の野生のポリネーターの代表的な種類の1つが、マルハナバチになります（**図1**）。マルハナバチは、日本では外来種も含めて16種生息しており、ナス科やウリ科、シソ科などの多くの野菜や果物の送粉を行っています。最近の研究では、果物のカキの送粉がマルハナバチの一種のコマルハナバチによって行われていることが明らかになりました。今まで考えられていなかった野菜や果物も、マルハナバチによって送粉されている可能性があるのです。

しかし、近年、マルハナバチは世界的に減少傾向にあると考えられています。ヨーロッパや北アメリカで、マルハナバチの減少や分布域の縮小が報告されています。減少の原因は、大規模な農地開発を含む土地利用の変化、農薬、病気、寄生者、外来種、温暖化などの要因のうちの1つ、または複数の要因が複合的に影響しているのではないかと言われています。日本でも、マルハナバチが減少していないか、分布域が縮小していないか、調べる必要がありました。

そこで2013年、東北大学と山形大学の研究者が、写真を用いた市民参加型調査「花まるマルハナバチ国勢調査」を立ち上げました（**図2**、http://hanamaruproject.s1009.xrea.com/hanamaru_project/index.html)。市民参加型調査とは、研究者以外の一般の人も参加して調査を行うものです。「花まるマルハナバチ国勢調査」では、参加者がマルハナバチを見かけたら、スマートフォンなどで写真を撮って、写真を撮った場所の住所をメールの本文に書いて、研究者に写真をメールで送ることをお願いしています。参加者の方たちのご協力のおかげで、6年間で五千枚以上のマルハナバチの写真を集めることができました。送られてきた写真からハチがどの種なのかを同定し、写真のGPS情報やメール本文の住所からハチが観察された場所を特定して、そのデータを研究に使用しました。

研究の結果、トラマルハナバチ、コマルハナバチ、オオマルハナバチ、クロマルハナバチは、1平方キロメートル当たり森林面積が35－70％の場所が生息に適しているということがわかりました。これらの種にとって、巣を作るための森林とともに、餌である蜜や花粉を集めるための花が咲く開けた草原なども大切です。森林と、草原や畑のような開けた場所がモザイク状に存在している、里山のような環境が大事だということがわかりました。日本の里山では、過疎化や高齢化により、森林の管理放棄が問題になっています。管理放棄された森林の管理を適切に行い、マルハナバチにとって望ましい環境を維持する必要があります。また、温暖化の影響を推定する研究では、この26年間で、トラマルハナバチ、オオマルハナバチ、クロマルハナバチ、ミヤママルハナバチ、ヒメマルハナバチの分布域が縮小している可能性があることがわかりました。特に北海道で、オオマルハナバチとヒメマルハナバチの分布域が大きく縮小している可能性があり、これからの北海道でのマルハナバチの保全活動が重要になってきます。

マルハナバチを守るために、皆さんができることもたくさんあります。最初は、ハチのことを知ることから始めましょう。この本を読んでいる皆さんは、ハチにはいろいろな種類がいて、いろいろな生活をしていることをご存知だと思います。見た目が似ているハチもたくさんいます。勉強し、観察して、区別できるようになりましょう。次に、ハチが生息している場所、ハチが好きな花の咲く場所や巣を作りそうな場所を保護しましょう。近くにそういった場所がない方は、自分の家の庭や畑、ベランダなどで、ハチが好きな花を育ててみましょう。日本では夏に花が少なくなるため、夏に咲く花を育てるのが効果的です。早春や秋に咲く花もよいでしょう。農業をされていて、農薬を使用されている方は、取扱説明書をよく読んで、過剰な量での使用を控えることや、必要以上に長期間使用しないことなどを試してみましょう。その努力は、農薬の経費削減になり、健康にもよい影響を及ぼすはずです。皆さんがハチのことを気にかけてくださることが、日本の未来の植物や食べ物が守られることにつながっていくと思います。

図２：花まるマルハナバチ国勢調査のマスコットキャラクター「はなまるちゃん」

本書およびハチに関する参考図書

・Jurgen Tautz（丸野内棣 訳）（2010）「ミツバチの世界　個を超えた驚きの行動を解く」 丸善出版
・浅間茂（2019）「虫や鳥が見ている世界－紫外線写真が明かす生存戦略－」 中公新書
・有村源一郎・西原昌宏（2018）「植物のたくらみ　香りと色の植物学」 ベレ出版
・アンヌ・スヴェルトルップ＝ティーゲソン（小林玲子 訳）「昆虫の惑星　虫たちは今日も地球を回す」 辰巳出版
・イヴ・カンブフォール（瀧下哉代・奥本大三郎 訳）（2022）「ファーブル驚異の博物誌」 エックスナレッジ
・石井博（2020）「花と昆虫のしたたかで素敵な関係　受粉にまつわる生態学」 ベル出版
・伊藤嘉明（1996）「熱帯のハチ－多女王制のなぞを探る－」 海游舎
・井上健・湯本貴和 編（1992）「昆虫を誘い寄せる戦略　植物の繁殖と共生」 平凡社
・井上民二・加藤真 編（1993）「花に引き寄せられる動物　花と送粉者の共進化」 平凡社
・井上民二・山根爽一 編（1993）「昆虫社会の進化－ハチの社会比較学」 博品社
・岩本裕之（2019）「昆虫たちのすごい筋肉－1秒間に1000回羽ばたく虫もいる」 裳華房
・海野和男（2020）「世界でいちばん変な虫－珍虫奇虫図鑑」 草思社
・奥本大三郎 編・訳（1996）「ファーブル昆虫記2　狩りをするハチ」 集英社文庫
・奥本大三郎ほか（1998）「蜂は職人・デザイナー」 INAX出版
・小野正人（1997）「スズメバチの科学」 海游舎
・小野正人・和田哲夫（1996）「マルハナバチの世界－その生物学的基礎と応用－」日本植物防疫協会
・カール・フォン・フリッシュ（伊藤智夫訳）（1953）「ミツバチの不思議〔第二版〕」 法政大学出版局
・片山栄助（2007）「マルハナバチ－愛嬌者の知られざる生態」 北海道大学出版会
・木野田君公ほか（2013）「日本産マルハナバチ図鑑」 北海道大学出版会
・五箇公一（2010）「クワガタムシが語る生物多様性」 集英社
・後藤哲雄・上遠野冨士夫（2019）「農学基礎シリーズ　応用昆虫学の基礎」 農文協
・坂上昭一（1970）「ミツバチのたどった道　進化の比較社会学」 思索社
・坂上昭一・前田泰生（1986）「独居から不平等へ－ツヤハナバチとその仲間の生活－」 東海大学出版会
・佐々木正己（1994）「養蜂の科学」 サイエンスハウス
・佐々木正己（1999）「ニホンミツバチ－北限のApis cerana－」海游舎
・佐々木正己（2010）「蜂からみた花の世界」 海游舎
・佐藤英文（2021）「カニムシ　森・海岸・本棚にひそむ未知の虫」 築地書館
・種生物学会 編（2000）「花生態学の最前線－美しさの進化的背景をさぐる－」 文一総合出版
・種生物学会 編（2014）「視覚の認知生態学　生物たちが見る世界」 文一総合出版
・種生物学会 編（2021）「花と動物の共進化をさぐる　身近な野生植物に隠れていた新しい花の姿」 文一総合出版
・種生物学会 編（2023）「植物の行動生態学　感じて、伝えて、記憶、応答する植物たち」 文一総合出版
・杉浦直人・伊藤文紀・前田泰生 編（2002）「ハチとアリの自然史－本能の進化学－」 北海道大学図書刊行会
・スティーブン・バックマン（片岡夏実 訳）（2017）「考える花　進化・園芸・生殖戦略」 築地書館
・ソーア・ハンソン（黒沢令子 訳）（2021）「ハナバチがつくった美味しい食卓－食と生命を支えるハチの進化と現在－」 白揚社
・高須賀圭三（2015）「フィールド生物学⑰　クモを利用する策士、クモヒメバチ－身近で起こる本当のエイリアンとプレデターの闘い－」 東海大学出版部

・多田内修・村田竜起 編（2014）「日本産ハナバチ図鑑」 文一総合出版
・田中肇（1993）「花に秘められたなぞを解くために」 農村文化社
・田中肇（2001）「花と昆虫、不思議なだましあい発見記」 講談社
・田中肇（2009）「昆虫の集まる花ハンドブック」 文一総合出版
・田中義弘（2012）「狩蜂生態図鑑ーハンティング行動を写真で解く」 全国農村教育協会
・千葉県立中央博物館 監修（2004）「あっ！ハチがいる！　世界のハチとハチの巣とハチの生活」 晶文社
・デイヴ・グールソン（藤原多伽夫 訳）（2022）「サイレント・アース　昆虫たちの「沈黙の春」」 NHK出版
・寺山守・須田博久 編著（2016）「日本産有剣ハチ類図鑑」 東海大学出版部
・トーマス・D・シーリー（大谷剛 訳）（1989）「ミツバチの生態学　社会生活での適応とは何か」 文一総合出版
・トーマス・D・シーリー（西尾義人 訳）（2021年）「野生ミツバチの知られざる生活」 青土社
・内藤親彦、篠原明彦、原秀徳（2020）「日本産ハバチ・キバチ類図鑑」 北海道大学出版会
・成田聡子（2020）「えげつない！寄生生物」 新潮社
・西海太介（2019）「図解　身近にあふれる「危険な生物」が3時間でわかる本」 明日香出版社
・西海太介（2023）「危ない動植物ハンドブック」 自由国民社
・日下石碧（2023）「花粉ハンドブック」 文一総合出版
・馬場友希（2019）「クモの奇妙な世界ーその姿・行動・能力のすべて」 家の光協会
・原野健一（2017）「フィールドの生物学　ミツバチの世界へ旅する」 東海大学出版部
・百田尚樹（2009）「風の中のマリア」 講談社
・フォーガス・チャドウィックほか（中村純 監修・伊藤伸子 訳）（2017）「ミツバチの教科書」 エックスナレッジ
・藤原篤夫（2021）「月刊　たくさんの不思議435号　ハチという虫」 福音館書店
・フリードリッヒ・G・バルト（渋谷達明 監訳）（1997）「昆虫と花ー共生と共進化ー」 八坂書房
・ベルンド・ハインリッチ（井上民ニ 監訳）（1991）「マルハナバチの経済学」 文一総合出版
・ベルンド・ハインリッチ（渡辺政隆・榊原充隆 訳）（2000）「熱血昆虫記　虫たちの生き残り作戦」 どうぶつ社
・前藤薫 編著（2020）「寄生バチと狩りバチの不思議な世界」 一色出版
・松浦誠（1985）「ハチの飼育と観察」 ニューサイエンス社
・松浦誠（1988）「社会性ハチの不思議な社会」 どうぶつ社
・松浦誠（1995）「〔図説〕社会性カリバチの生態と進化」 北海道大学図書刊行会
・松香光夫（1996）「ポリネーターの利用」 サイエンスハウス
・松田喬（2016）「ハチのくらし大研究ー知恵いっぱいの子育て術」 PHP研究所
・松本吏樹郎 監修（2014）「見ながら学習 調べてなっとく ずかんハチ」 技術評論社
・丸山宗利ほか（2013）「アリの巣の生きもの図鑑」 東海大学出版部
・光畑雅宏（2018）「マルハナバチを使いこなす　より元気に長く働いてもらうコツ」 農文協
・山根爽一（2001）「アシナガバチ一億年のドラマーカリバチの社会はいかに進化したか」 北海道大学図書刊行会
・山根爽一・松村雄・生方秀紀（2022）「坂上昭一の昆虫比較社会学」 海游舎
・吉田忠晴（2000）「ニホンミツバチの飼育法と生態」 玉川大学出版部
・ヨシフ・ハリフマン（金光不二夫・金光節 訳）（1988）「ハリフマンの昆虫ウォッチング3　マルハナバチの謎　上・下」 理論社
・ローワン・ジャイコブセン（中里京子 訳）（2009）「ハチはなぜ大量死したのか」 文藝春秋
・鷲谷いづみほか（1997）「マルハナバチ・ハンドブック」 文一総合出版
・鷲谷いづみ（1998）「サクラソウの目ー保全生態学とは何かー」 地人書館

おわりに

本書を手に取り、最後まで読んでいただき、まことにありがとうございます。ハチに対する悪いイメージ、危険に関する誤解などを、少しは払拭させていただくことができたでしょうか？読み進めていただいて、お気づきいただけたかもしれませんが、私は生物が大好きです。もちろん、中でも昆虫が大好きで、小学生の時のあだ名は、昆虫に詳しいことから「ミッチェル先生」でした。そんな昆虫少年も、ハチは苦手…というか嫌いでした。正直なところ、昆虫学を学べる研究室のある大学に入学し、3年生で昆虫学研究室に入るまで、きらびやかなトンボやチョウを研究する気満々でした。しかし当時の教授に、「私もトンボやチョウはもちろん好きだから、アドバイスはできるけど指導はできないよ。」と言われてしまいました。実は私の母校、玉川大学の昆虫学研究室はハチ、特にミツバチの研究では世界的にも名の知られた大学でした。もちろん当時も、ハチの研究ではそうそうたる先生方がいらっしゃいました。せっかくそんな人たちに囲まれているのだから、その人たちから学べるものを吸収した方がよいのではないかと考えを改め、ハチの世界に脚…いやいや足を踏み入れたのは、かれこれ30年以上も前のこと。気づけばハチに関わることを仕事とし、それを続けることができています。そして、幸いなことに大好きになったハチを通じて私たち人間が生きていくうえで欠かせない経済活動＝農業、食料生産に関わり、また、もともと志していた環境保全のお手伝いも微力ながらできています。

昆虫の研究をしていると、「そんな研究をして、どんな役に立つの？」「私たちの生活には、関係がないのじゃないか？」「網を持って虫を追いかけて、どうやって飯を食うんだ」「のんきでいいねぇ」などなど、長く続けるには続けるなりの苦労もありました。しかし、時代の移り変わりとともに、様々な昆虫を含む生物が農業という我々の食を支える経済活動に深く関わっていること、さらにはこの地球上で、その地域地域の気候風土に合わせた多様な生物が存在していること、つまり「生物多様性」が私たち人間の生活にとって非常に重要であることが、多くの研究により解明され、広く認知されるようになってきました。普段の生活に関わりがなくとも、どんなに昆虫が嫌いでも、やっぱりハチが怖くても、彼らがともに地球で暮らしていなければ、農作物はおろか植物の繁殖そのものが成立しなくなり、緑の地球は維持されません。その光合成によって、酸素を生み出してくれる植物がこの地球上に繁茂していなければ、私たちは呼吸すら危うくなります。今、我々人間が生きていく上で必要な生物多様性は、世界各地で損なわれつつあります。当然その中には、ハチの生息数や多様性の減少も含まれています。知らず知らずのうちに、温暖化などの気候変動、森林伐採などの環境破壊、外来生物の侵入・定着などの影響により、様々なハチ種の生息数の減少、絶滅の危惧は深刻化しています。さらには、養蜂家が管理し繁殖を手助けしているはずのセイヨウミツバチでさえ、いまだ原因を特定できていない「ミツバチ群崩壊症候群」や、時期によってはハチミツを蓄えられないことによる巣の崩壊など、巣を維持できない状況も増加しています。セイヨウミツバチは本来、日本にはいないはずのハチです。ですが、その管理されたセイヨウミツバチでさえ生活ができないような環境で、我々人間は生きていくことができるのでしょうか？　今、世界各地で損なわれてしまった生物多様性を維持、回復させる気運が高まっています。本書を通じ、多様なハチの生活を垣間見ていただくことで、生物多様性の重要性にまで少し思いを巡らせていただければ幸いです。

本書はｃｏｃｏさんの細部にまでこだわった素晴らしいイラストがなければ成立しませんでした。ｃｏｃｏさん、イラストの作成、本当にお疲れさまでした。当の私も、ことハチについてのこだわりが強い方ですから、この2人のぶつかり合うこだわりをうまく調整してくれる人が必要でした。本書の編集を担当してくださった技術評論社の大和田洋平さんには、こだわり屋の2人に辛抱強く笑顔で付き合っていただき、構想から3年、本書を一緒に作り上げていただきました。心より感謝いたします。また、本書のコラムにご寄稿いただいた、学生時代の指導教官だった小野正人教授、友人として時に人生の先輩として研究者のなんたるかを教えていただいている五箇公一博士、ハナバチの保全、研究を通じて心を通わせてくださっている横井智之博士、大野ゆかり博士には、感謝の言葉もございません。また本書には、美しいイラストに負けない写真も必要でした。貴重な写真を提供していただいた、尾園暁さん、河村千影さん、政所名積さん、荻野拓海さん、小島章さん、坂本洋典さんにも、心より御礼申し上げます。加えて、本書の内容や正確性をより高めるために、情報をご提供いただいたり、ご指導をいただきました大對桂一さん、幾留秀一博士、香取郁夫博士、佐々木正己博士にも深謝いたします。そして、私が昆虫に関わる仕事にここまで夢中になり、続けることができたのも多くの師の教えや、研究者仲間の支えがあればこそでした。桜井晴子先生、美ノ谷憲久先生、田部真哉先生、中村純教授、土田浩治教授、野村昌史教授、森信之介博士、前田太郎博士、藍浩之博士他諸氏には感謝の念に堪えません。最後に、網を持ち昆虫を追い続けて、どうやって飯を食っていくつもりかわからないドラ息子を温かく見守り続けてくれた両親と、休みの日には海、川、山野を連れまわし、自分だけ楽しんでいる私に付き合ってくれている妻の明子と2人の息子たち柾希と裕貴に、普段は言い辛い感謝をこの場をお借りして述べたいと思います。

著者

光畑　雅宏（ミツハタ マサヒロ）

1971 年　神奈川県横浜市出身
1996 年　玉川大学農学研究科資源生物学専攻修士課程終了
1996 ～ 1999 年　アピ株式会社にてミツバチ、マルハナバチの研究、増殖に従事
1999 年～　（株）トーメン（現 アリスタライフサイエンス株式会社）
マルハナバチ、天敵昆虫、微生物農薬、養蜂関連事業（ミツバチ用動物薬等）などの営業、技術普及、マーケティングなどに携わりつつ、関連団体等の委員なども務める
・2004 ～ 2005 年に外来生物被害防止法のセイヨウオオマルハナバチ専門家会合に参加
・2012 年より IUCN（SSC 野生ハナバチグループ）の専門委員
・2021 年より農林水産省養蜂等振興強化推進事業に参画
・養蜂 GAP 策定委員

専門

応用昆虫学、送粉生物学、動物行動学

農業場面における送粉者利用のスペシャリスト。

在来種マルハナバチの実用化について中心的な役割を果たし、その利用技術の確立と作物毎の利用ノウハウの構築に注力。日本送粉サービス研究会やミツバチサミットなどの実行委員などを務め、農業場面におけるハナバチの利用だけでなく、ハナバチの保全に関する活動にも精力的に取り組む。また、ハナバチや天敵昆虫を利用する農業者へのアドバイスだけでなく、一般の市民や子供たちむけの昆虫観察会、講演など幅広く普及啓発活動も行っている

著書

マルハナバチを使いこなすーより元気に長く働いてもらうコツ（2018 年　農文協）など

絵

COCO

作家、写真家、漫画・イラスト描き。愛知県在住。

本好き女子の生態を描いた漫画『今日の早川さん』１～４巻（早川書房）でデビュー。その他の著書にクトゥルー漫画『異形たちによると世界は…』（早川書房）、自然と生き物の奇談集『里山奇談』シリーズ三巻（日高トモキチ、玉川数と共著、KADOKAWA）、写真とイラストを担当した『ずかん ハチ』（技術評論社）、池澤春菜との競作エッセイ漫画『SF の S は、ステキの S』１～２巻（早川書房、「S-F マガジン」に連載中）、書籍装画にロード・ダンセイニ『ウィスキー＆ジョーキンズ』（国書刊行会）、ケイト・ウィルヘルム『翼のジェニー』（書苑新社）、新井素子『絶句 .....』（早川書房）等。

生き物はなんでも好きだが特にハチに興味があり、休日は山や川辺へ観察・撮影に、夜はおかずを釣りに海へと出かける。

写真撮影　光畑雅宏、coco
ブックデザイン　菊池祐（株式会社ライラック）
レイアウト・本文デザイン　株式会社ライラック
編集　大和田洋平
技術評論社 Webページ　https://book.gihyo.jp/116

お問い合わせについて

本書の内容に関するご質問は、下記の宛先までFAXまたは書面にてお送りください。なお電話によるご質問、および本書に記載されている内容以外の事柄に関するご質問にはお答えできかねます。あらかじめご了承ください。

〒162-0846
新宿区市谷左内町21-13
株式会社技術評論社　書籍編集部
「蜂の奇妙な生物学」質問係
FAX番号　03-3513-6167

なお、ご質問の際に記載いただいた個人情報は、ご質問の返答以外の目的には使用いたしません。また、ご質問の返答後は速やかに破棄させていただきます。

生物《せいぶつ》ミステリー

蜂《はち》の奇妙《きみょう》な生物学《いきものがく》

2023年　8月　4日　初版　第1刷発行
2024年　6月20日　初版　第2刷発行

著　　者　光畑雅宏《みつはたまさひろ》
　絵　　coco《ここ》
発 行 者　片岡　巌
発 行 所　株式会社技術評論社
東京都新宿区市谷左内町21-13
電話 03-3513-6150　販売促進部
03-3513-6160　書籍編集部
印刷／製本　大日本印刷株式会社

定価はカバーに表示してあります。

造本には細心の注意を払っておりますが、万一、乱丁（ページの乱れ）や落丁（ページの抜け）がございましたら、小社販売促進部までお送りください。送料小社負担にてお取り替えいたします。

ISBN978-4-297-13587-4 C3045
Printed in Japan